知味

寻味历史

食在魏晋

郜祉微 编著

万卷出版有限责任公司
VOLUMES PUBLISHING COMPANY

图书在版编目（CIP）数据

食在魏晋 / 鄯祉微编著. -- 沈阳：万卷出版有限责任公司, 2025. 5. --（寻味历史）. -- ISBN 978-7-5470-6715-4

Ⅰ. TS971.202

中国国家版本馆CIP数据核字第2025GC0594号

出 品 人：王维良
出版发行：万卷出版有限责任公司
　　　　　（地址：沈阳市和平区十一纬路29号　邮编：110003）
印 刷 者：辽宁新华印务有限公司
经 销 者：全国新华书店
幅面尺寸：145 mm×210 mm
字　　数：230千字
印　　张：10
出版时间：2025年5月第1版
印刷时间：2025年5月第1次印刷
责任编辑：高　爽
责任校对：郑云英
装帧设计：马婧莎
ISBN 978-7-5470-6715-4
定　　价：39.80元
联系电话：024-23284090
传　　真：024-23284448

常年法律顾问：王　伟　版权所有　侵权必究　举报电话：024-23284090
如有印装质量问题，请与印刷厂联系。联系电话：024-31255233

目录

炊金馔玉的宫廷筵宴 / 001

　　清音雅乐的贵族宴会 / 003

　　一箸一餐尽显奢华 / 019

　　王公贵族的别样食谱 / 032

雅人韵士的饮食格调 / 049

　　老饕们的舌尖盛宴 / 051

　　美食家的绝对味觉 / 071

　　风靡一时的水中珍品 / 076

　　五味调和的宫廷羹汤 / 096

琳琅满目的人间至味 / 109

　　甘旨肥浓的魏晋名菜 / 111

　　余味悠长的千年食谱 / 140

　　日臻醇熟的烹饪技法 / 150

　　极具智慧的古代腌菜 / 158

八面玲珑的饮食智慧 / 165

  胡汉融合的民族菜肴 / 167

  其味无穷的主食 / 178

  美味的秘密：调料 / 185

  齿颊留香的水果 / 221

清淡养生与膳食禁忌 / 227

  素食主义大行其道 / 229

  食疗概念深入人心 / 234

  猎奇的"毒药"养生 / 243

  岁时食记的饮食习俗 / 248

隐晦艰深的茶酒文化 / 271

  以茶养德品茗助谈 / 273

  制酒工艺登峰造极 / 289

  源远流长的酒文化 / 303

炊金馔玉的宫廷筵宴

清音雅乐的贵族宴会

天子欢宴

中国筵宴文化由来已久,早在虞舜时期就出现了"养老宴",人们聚在一起举办宴会祭祀先祖,进而演变为一种宴会传统。古人习惯席地而坐,筵席原指宴会时铺在地上的坐具,后与宴会合称为"筵宴"。随着食物原料逐渐丰富,宴会的规模也不断扩大,继而承担了朝会、游猎、誓师、外交等多种职能,形成了独具特色的筵宴传统。

贵族宴会有着严格的等级划分,食材用料、饮食器具、宴会仪式等都有相对应的标准。例如,君主在宴会前要接受百官的朝拜,阅览先贤所著典籍,之后宾客才能按照等级依次入席。相较于汉代极为崇礼的宴会传统,魏晋时期更加关注宴会上举办的娱乐活动:乐工吹笙、击鼓,并配之以歌舞,借此达到政治交流的目的。在饮食上,酒是宴会的主旋律,单是饮酒的酒器就有羽觞、玉樽、三爵等多种样式。当然，宴会食物也极尽奢华，餐桌上常出现肉羹、酱腌甲鱼、熊掌等平日里不可多得的美食。尽管这一时期政治动荡、疾疫流行，但宫廷宴饮活动仍展现其清雅的一面，人们聚在一起品酒作乐，畅谈人生志趣，形成了以乐侑食、欢歌侑餐的宴饮风气。

时皇帝亲枉万乘之尊兮，以幸乎辟雍①。卤簿齐列②，官正其容。侍卫参差，阶戟百重③。乃延卿士，乃命王公。是日也，定小会之常仪兮④，飨殊俗而见远邦，连三朝以考学兮，览先贤之异同。揖让而升，有主有宾，礼虽旧制，其教维新。若其俎豆有数⑤，威仪翼翼。宾主百拜，贵贱修敕。酒清而不饮，肴干而不食。及至嘒嘒笙磬⑥，喤喤钟鼓，琴瑟安歌，德音有叙，乐而不淫，好朴尚古。四坐先迷而后悟，然后知礼教之宏普也。(《魏晋全书·辟雍乡饮酒赋》)

【注释】

①辟雍：辟，通"璧"。本为西周天子所设大学，校址圆形，围以水池，前门外有便桥。东汉以后，历代皆有辟雍，除北宋末年为太学之预备学校(亦称"外学")外，均为行乡饮、大射或祭祀之礼的地方。

②卤簿：古代帝王驾出时扈从的仪仗队。出行之目的不同，仪式亦各别。自汉以后亦用于后妃、太子、王公大臣。唐制四

品以上皆给卤簿。

③阶戟：兵器名。

④小会：古代君主册拜三公、接受方国使节和百僚称贺的仪式。

⑤俎豆：俎和豆，古代祭祀、宴会时盛肉类等食品的两种器皿。

⑥笙磬：笙和磬。磬，乐器，以玉石或金属制成，形状如曲尺。

正月上日，飨群臣①，宣布政教，备列宫悬正乐②，兼奏燕、赵、秦、吴之音，五方殊俗之曲③。四时飨会亦用焉④。凡乐者，乐其所自生，礼不忘其本，掖庭中歌《真人代歌》，上叙祖宗开基所由⑤，下及君臣废兴之迹⑥，凡一百五十章，昏晨歌之，时与丝竹合奏。郊庙宴飨亦用之。(《北齐魏书·卷一百零九·乐志》)

【注释】

①飨：用酒食招待客人，泛指请人受用。

②正乐：谓雅正的音乐。

③殊俗：风俗、习俗不同。

④四时：乐舞名。飨会：宴会。

⑤开基：犹开国，谓开创基业。

⑥废兴：盛衰；兴亡。

朝阳曜景，天气和平；君臣合德①，礼仪孔明②。酌羽觞以交欢兮③，接敬恭以申诚；嘉膳备其八珍兮④，丝竹献其妙声。乐用遍舞，金奏克谐⑤；钟仪之听⑥，南风是哀。义感君子，慨然永怀⑦；思我王度，求福不回。惟礼终而赞退兮，实系心乎玉阶⑧。（《初学记·礼部燕飨第五·宴嘉宾赋》）

【注释】

①合德：犹同德。符合道德，合乎道德。

②孔明：很完备；很洁净；很鲜明。

③羽觞：古代一种酒器。作鸟雀状，左右形如两翼。一说，插鸟羽于觞，促人速饮。

④八珍：古代八种烹饪法，泛指珍馐美味。

⑤克谐：能够成功。克，能。谐，和谐，有圆满、顺利的意思。

⑥钟仪：春秋楚国伶人，能演奏故土音乐，曾被郑国抓获献与晋国。后多以"钟仪"为拘囚异乡或怀土思归者的典型。

⑦慨然：形容感慨。

⑧玉阶：玉石砌成或装饰的台阶，亦为台阶的美称。这里指朝廷。

大魏篇

三国·魏　曹植

大魏应灵符①，天禄方甫始②。

圣德致泰和③，神明为驱使。

左右宜供养,中殿宜皇子。

陛下长寿考,群臣拜贺咸悦喜。

积善有馀庆,宠禄固天常。

众喜填门至,臣子蒙福祥。

无患及阳遂④,辅翼我圣皇。

众吉咸集会,凶邪奸恶并灭亡。

黄鹄游殿前⑤,神鼎周四阿⑥。

玉马充乘舆⑦,芝盖树九华⑧。

白虎戏西除⑨,舍利从辟邪⑩。

骐骥蹑足舞,凤皇拊翼歌。

丰年大置酒,玉樽列广庭⑪。

乐饮过三爵⑫,朱颜暴己形。

式宴不违礼⑬,君臣歌《鹿鸣》。

乐人舞鼙鼓⑭,百官雷抃赞若惊⑮。

储礼如江海,积善若陵山。

皇嗣繁且炽,孙子列曾玄。

群臣咸称万岁,陛下长寿乐年。

御酒停未饮⑯,贵戚跪东厢⑰。

侍人承颜色⑱,奉进金玉觞⑲。

此酒亦真酒,福禄当圣皇。

陛下临轩笑⑳,左右咸欢康。

杯来一何迟,群僚以次行。

赏赐累千亿,百官并富昌。

【注释】

①应:应和,感应。灵符:有神力的符箓,指神奇的征兆。

②天禄:天赐的福禄。后常指帝位。甫始:刚刚开始。

③圣德:圣上的恩德。犹言至高无上的道德。一般用于古之称圣人者,也用以称帝德。

④无患及:没有灾患涉及。阳燧:代表火,亦作"阳璲"。古代利用日光取火的凹面铜镜。

⑤黄鹄:绝世的黄天鹅。比喻高才贤士。游殿前:浮游在宫殿前。

⑥神鼎:鼎的美称。上古帝王建立王朝时必铸新鼎作为立国的重器。四阿:指屋宇四边的檐溜,可使水从四面流下。

⑦玉马:如玉的白马。

⑧芝盖:指车盖或伞盖。盖如灵芝形,故名。

⑨白虎:白额虎。特指迷信传说中的凶神。西除:西阶。宫殿的西台阶。

⑩舍利:梵语,意译"身骨"。后泛指佛教徒火化后的遗骸。辟邪:古代传说中的神兽,似鹿而长尾,有两角。

⑪玉樽:玉尊。玉制的酒杯。亦泛指精美贵重的酒杯。

⑫三爵:三杯酒。爵,雀形酒杯。

⑬式宴:程式般宴会,正式宴会。

⑭乐人:歌舞演奏艺人的泛称。古代指掌管音乐的官吏。

舞鼙鼓：鼙鼓舞。鼙鼓，中国古代军队中用的小鼓，汉以后亦名骑鼓。后亦用为外族侵略之典。

⑮雷抃（biàn）：形容掌声如雷。抃，拍手，鼓掌。

⑯御酒：指帝王饮用或赏赐的酒。

⑰贵戚：帝王的亲族；贵族国戚。东厢：古代庙堂东侧的厢房。后泛指正房东侧的房屋。以东为大，所以皇亲国戚在东厢房。

⑱侍人：君王的近侍，随身的奴仆。后多指女侍。

⑲金玉觞：金玉酒碗。觞，酒碗。

⑳临轩：指古时皇帝不坐正殿而在御前平台上接见臣属。

名都篇

三国·魏　曹植

名都多妖女①，京洛出少年②。

宝剑直千金，被服光且鲜③。

斗鸡东郊道，走马长楸间④。

驰骋未及半，双兔过我前。

揽弓捷鸣镝⑤，长驱上南山。

左挽因右发，一纵两禽连。

馀巧未及展，仰手接飞鸢⑥。

观者咸称善，众工归我妍⑦。

归来宴平乐，美酒斗十千。

脍鲤臇胎虾[8]，寒鳖炙熊蹯[9]。

鸣俦啸匹旅[10]，列坐竟长筵[11]。

连翩击鞠壤[12]，巧捷惟万端[13]。

白日西南驰，光景不可攀。

云散还城邑，清晨复来还。

【注释】

①名都：著名的都城。妖女：美女。这里指娼妓。

②京洛：京城。本指洛阳，因东周、东汉曾在这里建都，故称"京洛"。

③被服：被，通"披"。这里指衣着。

④长楸：高大的楸树，古代常种于道旁。这里借指大路。

⑤鸣镝：古时一种射出去带响的箭，多用于发号令。

⑥飞鸢：古代的飞行器。

⑦妍：迅巧敏捷。

⑧脍鲤：切细的鲤鱼肉。臇：烹煮。

⑨寒鳖：酱腌甲鱼。熊蹯（fán）：熊掌。

⑩俦：朋友。匹旅：同伴。

⑪长筵：指宽长的竹席。多指排成长列的宴饮席位。

⑫鞠壤：鞠和壤，古代两种游戏用具。

⑬巧捷：灵巧方便。

元会诗

三国·魏 曹植

初岁元祚①,吉日惟良。乃为嘉会,谶此高堂。尊卑列序,典而有章。衣裳鲜洁,黼黻玄黄②。清酤盈爵,中坐腾光。珍膳杂遝,充溢圆方。笙磬既设,筝瑟俱张。悲歌厉响,咀嚼清商。俯视文轩③,仰瞻华梁。愿保兹善,千载为常。欢笑尽娱,乐哉未央。皇室荣贵,寿若东王。

【注释】

①祚:年。

②黼黻(fǔ fú):绣有华美花纹的礼服。

③文轩:用彩画雕饰栏杆和门窗的走廊。

贵族奢宴

魏晋门阀士族是一个特别的群体,他们把持朝政,享有特权,具有强大的政治势力。在日常生活及吃穿用度上,门阀士族子弟更是肆意挥霍,其奢华程度相较于皇帝仍可谓有过之而无不及。对于标榜门第的门阀士族来说,宴会是他们彰显身份的名利场;而对于志趣清雅的士族文人来说,宴会则更像是一场"游戏",他们登高临下,列坐水滨,席间品茗座谈,赋诗享乐,既有趣味性,又不失雅致。大书法家王羲之在兰亭集会上"曲水流觞"成为千古美谈,便是魏晋风流的最佳证明。

门阀士族的宴会并不过多讲究礼制,在饮食上,他们更追求食物的新鲜与格调,凡是所食之物、所用之器皆有独特的象征寓意。像是他们所食的嘉禾之米,一茎生六穗,被认为是祥瑞之物;又如木韭、廉姜等香草,新鲜瓜果与清酒,皆是其高洁人格的象征。食用时再配上雕刻着精美花纹的器具,足见士族文人品位之清雅。

永和九年①,岁在癸丑②,暮春之初,会于会稽山阴之兰亭③,修禊事也④。群贤毕至,少长咸集。此地有崇山峻岭,茂林修竹,又有清流激湍,映带左右,引以为流觞曲水⑤,列坐其次。虽无丝竹管弦之盛,一觞一咏,亦足以畅叙幽情。是日也,天朗气清,惠风和畅。仰观宇宙之大,俯察品类之盛,所以游目骋怀⑥,足以极视听之娱,信可乐也。

夫人之相与,俯仰一世。或取诸怀抱,悟言一室之内;或因寄所托,放浪形骸之外。虽趣舍万殊,静躁不同,当其欣于所遇,暂得于己,快然自足⑦,不知老之将至;及其所之既倦,情随事迁,感慨系之矣。向之所欣,俯仰之间⑧,已为陈迹,犹不能不以之兴怀,况修短随化⑨,终期于尽!古人云:"死生亦大矣。"岂不痛哉!

每览昔人兴感之由,若合一契,未尝不临文嗟悼,不能喻之于怀。固知一死生为虚诞,齐彭殇为妄作⑩。后之视今,亦犹今之视昔,悲夫!故列叙时人,录其所述,虽世殊事异,所以兴怀,其致一也。后之览者,亦将有感于斯文。(《兰亭集序》)

【注释】

①永和:东晋穆帝永和九年,即公元353年。

②癸丑:干支之一,顺序为第五十。前一位是壬子,后一位是甲寅。

③会稽:古地名,绍兴的别称,古吴越地,会稽因绍兴会稽山得名。

④修禊事:古代的基本祭祀之一。古代民俗于农历三月上旬的巳日(三国魏以后始固定为三月初三)到水边嬉戏,以祓除不祥。

⑤流觞:古代每逢夏历三月上旬的巳日,人们于水边相聚宴饮。后人仿行,于环曲的水流旁宴集,在水的上流放置酒杯,任其顺流而下,杯停在谁的面前,谁就取饮,称为"流觞曲水"。

⑥游目骋怀:纵目观览,舒展胸怀。

⑦快然:喜悦的样子。

⑧俯仰之间:形容时间很短。

⑨修短随化:人的寿命长短,随造化而定。

⑩彭殇:犹言寿夭。指寿命的长短。彭,彭祖,古代传说

中的长寿之人。殇,夭折,未成年而死。

五月十八日,丕白:季重无恙。途路虽局,官守有限,愿言之怀,良不可任。足下所治僻左,书问致简,益用增劳。

每念昔日南皮之游①,诚不可忘。既妙思六经②,逍遥百氏③;弹棋闲设,终以六博④。高谈娱心,哀筝顺耳。驰骋北场,旅食南馆⑤,浮甘瓜于清泉⑥,沈朱李于寒水⑦。白日既匿,继以朗月。同乘并载,以游后园。舆轮徐动⑧,参从无声。清风夜起,悲笳微吟。乐往哀来⑨,怆然伤怀。余顾而言,斯乐难常⑩。足下之徒,咸以为然。今果分别,各在一方。元瑜长逝,化为异物,每一念至,何时可言!

方今蕤宾纪时⑪,景风扇物,天气和暖,众果具繁。时驾而游,北遵河曲,从者鸣笳以启路,文学托乘于后车,节同时异,物是人非,我劳如何!今遣骑到邺,故使枉道相过。行矣自爱。丕白。(《文选·卷四二·与朝歌令吴质书》)

【注释】

①南皮:今属河北省,县名。汉末建安中,魏文帝曹丕为五官中郎将,与友人吴质等文酒射雉,欢聚于此,传为佳话。后成为称述朋友间雅集宴游的典故。

②六经:六部儒家经典,指《诗》《书》《礼》《乐》《易》《春秋》。

③百氏:犹言诸子百家之学。

④六博：亦作"六簙"，古代一种掷彩下棋的比赛游戏。

⑤旅：这里指众人。南馆：按江南风味做饭菜的饭馆。

⑥甘瓜：甘甜的瓜。

⑦朱李：果名。李子中的一种。

⑧舆轮：车轮。

⑨乐往哀来：欢乐逝去，悲哀到来。

⑩斯乐：同游之乐。

⑪蕤（ruí）宾：古乐十二律中之第七律。律分阴阳，奇数六为阳律，名曰六律；偶数六为阴律，名曰六吕。合称律吕。蕤宾属阳律。

吉日良辰，置酒高堂①，以御嘉宾。金罍中坐②，肴烟四陈。觞以清醥③，鲜以紫鳞。羽爵执竞④，丝竹乃发⑤。巴姬弹弦，汉女击节。起西音于促柱⑥，歌江上之飂厉⑦。纡长袖而屡舞，翩跹跹以裔裔⑧。合樽促席⑨，引满相罚。乐饮今夕，一醉累月……

殆而竭来相与⑩，第如滇池，集于江洲。试水客，舣轻舟。娉江斐，与神游。罝翡翠，钓鰋鲉⑪。下高鹄，出潜虬⑫。吹洞箫，发棹讴⑬。感鳟鱼⑭，动阳侯⑮。腾波沸涌，珠贝氾浮。若云汉含星，而光耀洪流。将飨獠者⑯，张帟幕，会平原。酌清酤⑰，割芳鲜⑱。饮御酣，宾旅旋。车马雷骇，轰轰阗阗⑲。若风流雨散，漫乎数百里间。斯盖宅土之所安乐，观听之所踊跃也。焉独三川，为世朝市？（《文选·卷四二·蜀都赋》）

食在魏晋　015

【注释】

①高堂：高大的厅堂。

②金罍（léi）：饰金的大型酒器，泛指酒盏。

③觞：古代盛酒器。清醥：清酒。

④羽爵：古代酒器。

⑤丝竹：弦乐器和管乐器，如箫、笛等，泛指音乐。

⑥促柱：急弦。支弦的柱移近则弦紧，故称。

⑦飂厉：形容声音清越。

⑧裔裔：行貌。形容步履轻盈袅娜。

⑨合樽：亦作"合尊"，共同饮酒。樽，酒器。促席：座席互相靠近。

⑩朅（qiè）：离去。

⑪鰋（yǎn）：鲇鱼。鲉（yóu）：鱼类的一科，体形椭圆侧扁，头大，有许多棘状突起，背部色淡黄带赤，有黑色及红色斑纹，口大，尾团扇状，生活在近海。

⑫潜虬：潜龙，比喻有才德而未为世重用之人。

⑬棹讴：摇桨行船所唱之歌。

⑭鱏（xún）：鲟鱼的古称。

⑮阳侯：古代传说中的波涛之神。

⑯獠者：打猎的人。

⑰清酤：清酒。

⑱芳鲜：指新鲜美味的食物。

⑲阗阗（tián tián）：形容声音洪大。

骈雄黄以为墀①。纷以瑶蕊②，糅以玉夷。后布玳瑁之席③，前设觜蠵之筵④。凭文瑶之几⑤，对精金之盘。虞氏之爨⑥，加火珠之瓯。炊嘉禾之米，和蕿英之饭。仰称木韭⑦，俯拔廉姜⑧。(《清虑赋》)

【注释】

①墀：台阶上的空地，亦指台阶。

②瑶蕊：传说中玉树的花蕊。

③玳瑁：玳瑁筵，亦称玳筵，指精美的筵席。

④觜蠵：大龟。

⑤文瑶：有纹彩的美玉。

⑥爨：烧火做饭。

⑦木韭：一种香料。

⑧廉姜：即莜。一种香菜。

布象牙之席，薰玳瑁之筵。凭彤玉之几①，酌缥碧之樽②。析以金刀，四剖三离。承之以雕盘，幂之以纤③。甘逾蜜房④，冷亚冰圭⑤。(《瓜赋》)

【注释】

①彤玉：红色美玉。

②缥碧：浅青色。

③幕：古同"幂"，覆盖。

④蜜房：蜜蜂的巢。

⑤冰圭：冰做的玉器。

一箸一餐尽显奢华

"人乳"入药又入菜

魏晋时期,门阀士族的日常生活极其奢侈铺张,所用食材穷尽山珍海味,追求极致奢华与珍稀。《世说新语》中便记载了"人乳蒸豚"这样一道菜。晋人王武子用人的奶水来喂养猪,然后再用此猪肉烹饪成菜肴,据说这样做出来的猪肉味道格外鲜美。不仅如此,盛菜所用的器具是价值千金的琉璃盏,侍奉的奴婢所着皆是绫罗绸缎,这般做派连晋武帝看了都感到愤愤不平,拂袖而去。

在古代,"人乳"不仅能够用来制作菜肴,还被视为治病的秘药。《宋书·何尚之传》中记载了何尚之生病后靠饮人乳治好病的故事。另外,唐医家王焘《外台秘要》中也记录了以人乳入药的药方:"芥子捣碎,以人乳调和,绵裹塞耳,瘥",用以治疗耳聋。慈禧太后也要每天饮用"鲜人乳"来永葆青春。这般猎奇行径,皆是"魏晋风流"于舌尖上的延续。

武帝尝降王武子家①，武子供馔②，并用琉璃器。婢子百余人，皆绫罗绔袸③，以手擎饮食④。烝豚肥美⑤，异于常味。帝怪而问之，答曰："以人乳饮豚。"⑥帝甚不平⑦，食未毕，便去。王、石所未知作。(《世说新语·汰侈》)

【注释】

①武帝：晋武帝。降：去，到。

②供馔：指宴饮时所陈设的食品。

③绫罗：泛指丝织品。绔：同"裤"。袸：女子的上衣。

④擎：托着，拿着。

⑤烝豚：蒸制的小猪。

⑥饮(yìn)：给牲畜水喝。这里指用人乳喂猪。

⑦不平：因不平的事而激动、愤怒或不满。

尚之少时颇轻薄①，好摴蒲②，既长折节蹈道③，以操立见称。为陈郡谢混所知④，与之游处。家贫，起为临津令。高祖领征西将军，补府主簿。从征长安，以公事免，还都。因患劳疾积年，饮妇人乳，乃得差。以从征之劳，赐爵都乡侯。少帝即位，为庐陵王义真车骑谘议参军⑤。义真与司徒徐羡之、尚书令傅亮等不协，每有不平之言，尚之谏戒，不纳。义真被废，入为中书侍郎。太祖即位，出为临川内史，入为黄门侍郎，尚书吏部郎，左卫将军，父忧去职。服阕，复为左卫，领太子中庶子。尚之雅好文义，从容赏会，甚为太祖所知。十二年，迁侍中，中庶子如故。寻改领游击将军。(《宋书·卷六十六·列传第二十六》)

【注释】

①尚之（382—460）：即何尚之，字彦德。庐江郡灊县（今安徽霍山）人。南北朝时期刘宋大臣，东晋散骑侍郎何准曾孙、南康太守何恢之孙、金紫光禄大夫何叔度之子。官至侍中、左光禄大夫、开府仪同三司，兼领中书令。

②摴（chū）蒲：古代博戏名。汉代即有之，晋时尤盛行。以掷骰决胜负，得采有卢、雉、犊、白等称，视掷出的骰色而定。其术久废。后为掷骰的泛称。

③折节：指降低自己身份或改变平时的志趣行为。蹈道：履行正道。

④谢混（约381—412）：字叔源，小字益寿，陈郡阳夏县（今河南太康）人。东晋时期名士、外戚大臣、太保谢安的孙子，会稽太守谢琰第三子，晋孝武帝司马曜的女婿。

⑤谘议：咨询议论。

昔留侯张良，吐出奇策，一代无有，智虑所及，非浅近人也，而犹谓不死可得者也，其聪明智用，非皆不逮世人，而曰："吾将弃人间之事，以从赤松游耳①。"遂修道引，绝谷一年，规轻举之道，坐吕后逼蹴，从求安太子之计，良不得已，为书致四皓之策②，果如其言，吕后德之，而逼令强食之，故令其道不成耳。按孔安国《秘记》云："良得黄石公不死之法③，不但兵法而已。"又云："良本师四皓，甪里先生、绮里季之徒，皆仙人也，良悉从受其神方，虽为吕后所强饮食，寻复修行仙道，密自度世，但世人不知，故云其死耳。"如孔安国之言④，则良为得仙也。又汉丞相张苍，偶得小术，吮妇人乳汁，得一百八十岁，此盖道之薄者，而苍为之，犹得中寿之三倍，况于备术，行诸秘妙，何为不得长生乎？此事见于汉书，非空言也。（《抱朴子内篇卷五·至理》）

【注释】

①赤松：相传为上古时神仙，五百多岁仍保持童颜。

②四皓：指秦末隐居商山的东园公、甪里先生（甪，一作角）、绮里季、夏黄公。四人须眉皆白，故称"商山四皓"。

③黄石公：亦称圮上老人。相传张良于博浪沙（今安徽亳州）刺秦始皇失败后，逃亡至下邳（今江苏睢宁北），途中遇见一老父。老父授张良以《太公兵法》，并言称十三年后，到济北谷城山下会见到一块黄石，那便是自己的化身。十三年后，张良从刘邦过济北，果在谷城山下得黄石。

④孔安国（前156—前74）：字子国，汉代鲁国人，孔丘后裔，孔滕（字子襄）之孙，孔忠（字子贞）之子。西汉官吏、经学家，著有《古文尚书》《古文孝经传》《论语训解》等作品。

贵族最爱炙牛肉

自汉室以来，炙肉一直是王室贵族最为钟爱的菜肴之一。在此之前，人们烹饪食物的方式有限，炙肉因其料理方式简单，又能更好地保留食材本身的风味，故在王室之间极为流行。《西京杂记》记载了汉高帝朝夕以炙鹿肝或炙牛肝下酒的故事，一时之间，食用炙品蔚然成风。到了魏晋时期，食炙之风仍盛，除牛肉、牛百叶以外，贵族最爱的一道佳肴便是"啖牛心"。《世说新语》中讲述了周伯仁请王羲之吃炙牛心、王济将王恺的一头八百里快牛下炙的故事。在古代，牛是耕地的重要劳动力，食牛肉已是奢侈，更遑论数量稀少的牛心，食牛心俨然已成为身份地位的象征。除此之外，北魏贾思勰的《齐民要术》中专设炙法篇，记录了包括炙豚、腩炙、炙蛎、肝炙、炙胘法等二十二种燔炙法，展现了当时高超的炙烤技艺。

王君夫有牛名八百里驳①，常莹其蹄角②。王武子语君夫："我射不如卿，今指赌卿牛③，以千万对之。"君夫既恃手快④，且谓骏物无有杀理⑤，便然可，令武子先射。武子一起便破的⑥，却据胡床⑦，叱左右速探牛心来。须臾，炙至⑧，一脔便

去⑨。(《世说新语·汰侈》)

【注释】

①八百里驳：牛名。八百里，指日行八百里。驳，牛身的毛色不纯，故称驳。

②莹：使晶莹剔透。

③指赌卿牛：指定你的牛作为赌注。

④恃：倚仗。

⑤骏物：杰出之物。

⑥破的：射中靶子，后常用来比喻说话中肯。

⑦胡床：一种可以折叠的轻便坐具。又称交床。

⑧炙：烤。

⑨脔（luán）：切成小块的肉。

彭城王有快牛①，至爱惜之。王太尉与射，赌得之。彭城王曰："君欲自乘则不论②；若欲噉者③，当以二十肥者代之④。既不废噉，又存所爱。"王遂杀噉。(《世说新语·汰侈》)

【注释】

①彭城王：古代爵位，此处指司马权。

②自乘：自己用来拉车。

③噉：吃。

④二十肥者：二十头肥牛。

王右军少时①，在周侯末坐②，割牛心啖之。于此改观。(《世说新语·汰侈》)

【注释】

①王右军：即王羲之（303—361，一作321—379），东晋书法家，字逸少，号澹斋，汉族，祖籍琅琊临沂（今属山东临沂），后迁会稽（今浙江绍兴），晚年隐居剡县金庭，历任秘书郎、宁远将军、江州刺史。后为会稽内史，领右将军，人称"王右军"。

②周侯：武城侯周𫖮。

腩炙①：羊、牛、獐、鹿肉皆得。方寸脔。切葱白，斫令碎②，和盐豉汁。仅令相淹，少时便炙。若汁多久渍，则䩄③。拨火开；痛逼火回转急炙。色白热食，含浆滑美。若举而复下，下而复上；膏尽肉干，不复中食。(《齐民要术·卷九炙法第八十》)

【注释】

①腩：煮肉。

②斫(zhuó)：用刀、斧等砍劈。

③䩄(rèn)：柔韧结实。

牛胘炙①：老牛胘，厚而脆。铲、穿，痛蹙令聚②。逼火急炙，令上劈裂；然后割之，则脆而甚美。若挽令舒申，微火遥炙，则薄而且䩄。(《齐民要术·卷九炙法第八十》)

【注释】

① 牛肶（xián）：牛的重瓣胃，也就是牛百叶。

② 蹙（cù）：皱，收缩。

为得佳酿豪掷千金

一句"何以解忧，唯有杜康！"成为无数魏晋名士逃避现实的借口。魏晋时期政治动荡，玄学兴盛，一部分士人阶层不再盲目追求物质上的满足，而是渴望获得精神上的超脱，酒便是实现精神自由的绝佳工具。饮酒之风大行其道，酿酒技艺也随之蓬勃发展。由于酒禁大开，越来越多的人选择自己酿酒，一时间，酿酒业风头无两，尤其是一些好酒，甚至能够飘香千里，积年不败。对于世家贵族们来说，只要能酿出别具风味的酒，耗费再多的人力物力都在所不惜。《晋书》中就记载了胡人在酿酒用料上的奢侈，他们注重养生，在酿造蒲桃酒时使用了上千种原料，酿制出的酒味道甘美，且可保存十年不变质。还有《裴子语林》中记录了羊稚舒在冬月酿酒，由于温度过低难以达到发酵标准，便派人抱着酒罐维持温度，稍过片刻就要换人，有效缩短了酿酒时间，保证酒的味道地道香醇。这样不计代价的酿酒方式，也是门阀士族财力的体现。

胡人奢侈，厚于养生，家有蒲桃酒①，或至千斛，经十年不败。(《晋书·卷一百二十二·吕光载记》)

【注释】

①蒲桃：常绿乔木。叶对生，披针形。夏季开花，花大，白色。果实圆球形或卵形。淡绿色或淡黄色，味甜而香，可供食用。

羊稚舒冬月酿酒①，令人抱瓮暖之②。须臾，复易其人。酒既速成，味仍嘉美。其骄豪皆此类。(《裴子语林》)

【注释】

①羊稚舒（236—282）：即羊琇，字稚舒，泰山南城（今山东新泰）人。西晋时期外戚大臣，曹魏太常羊耽与才女辛宪英之子，景献皇后羊徽瑜的从父弟，西晋名将羊祜堂弟。出身泰山羊氏，研究学问而有智谋。

②瓮：一种盛水或酒等的陶器。

河东人刘白堕者善能酿酒①。季夏六月，时暑赫晞②，以罂贮酒③，暴于日中，经一旬，其酒味不动。饮之香美，醉而经月不醒。京师朝贵多出郡登藩，远相饷馈④，逾于千里，以其远至，号曰鹤觞，亦名骑驴酒。永熙年中，南青州刺史毛鸿宾赍酒之藩。路逢贼盗，饮之即醉，皆被擒获，因此复名擒奸酒。游侠语曰：

"不畏张弓拔刀,唯畏白堕春醪⑤。"(《洛阳伽蓝记·法云寺》)

【注释】

①刘白堕:旧时中国民间信仰之一,是酿酒业所崇拜的行业神祇。相传为南北朝时善于酿酒的人。

②赫晞:形容十分炎热的样子。

③罂(yīng):古代大腹小口的酒器。

④饷馈:军粮,补给。这里指来买酒。

⑤春醪(láo):春酒。

西域有蒲萄酒①,积年不败,彼俗云:"可十年饮之,醉弥月乃解②。"(《博物志·卷五·服食》)

【注释】

①西域:汉代以后对今玉门关以西的新疆及中亚细亚等地区的总称。蒲萄:亦作"葡萄"。

②弥月:满一个月。

日食万钱的富豪国戚

魏晋南北朝时期,门阀士族在饮食上的奢侈消费早已超出物质消费的一般功能性。他们不仅仅是为了满足口腹之欲,更多的是将在物质上的花费视为个人地位的象征。为了凸显自己的财力,常常在吃穿用度上相互攀比，肆意挥霍，奢靡至极，消费方式着实令人瞠目结舌。

《世说新语》中记载了王恺与石崇"粘糒澳釜"，借食物斗富的故事。粘糒就是麦芽糖，"粘糒澳釜"意思是用麦芽糖水来洗锅。先是王恺用麦芽糖和饭来擦锅，石崇不服气便用蜡烛当柴火做饭。石崇用花椒刷墙，王恺便用赤石脂来涂抹墙壁。另外，《晋书》中也记载了何曾"性奢豪"，对食物要求极为苛刻，如果蒸饼上没有出现十字花纹，他绝对不吃。每天花费在食物上的钱财过万，却仍说几乎没有可以下筷子的。

造成这一特殊社会现象的主要原因在于魏晋南北朝时期实行"九品中正制"，这意味着这些门阀贵族集团可以世代享有做官的权利，最终形成垄断。长此以往，士族子弟便不再努力奋斗，日日纵情享乐、挥金如土，给当时的社会带来了深刻的影响。

王君夫以粘粘糒澳釜①，石季伦用蜡烛作炊。君夫作紫丝布步障碧绫里四十里②，石崇作锦步障五十里以敌之③。石以椒为泥④，王以赤石脂泥壁⑤。（《世说新语·汰侈》）

【注释】

①君夫：王恺（生卒年不详）的字，东海郡郯县（今山东郯城）人。西晋时期外戚、富豪，曹魏司徒王朗之孙，卫将军王肃

第四子,晋武帝司马炎的舅舅,文明皇后王元姬的弟弟。饴糒(bèi)澳釜:用麦芽糖水来擦洗做饭的锅。饴糒,麦芽糖。澳,擦洗。

②紫丝布:紫色的丝制品。步障:古代的一种用来遮挡风尘、视线的屏幕。碧绫:碧色的绸缎。

③锦步障:锦布制作的挡风屏幕。

④椒:落叶灌木或小乔木,果实球形,暗红色,种子黑色,可供药用或调味,有香气。

⑤赤石脂:一种风化石,色红,可涂饰墙壁。

石崇为客作豆粥,咄嗟便办①。恒冬天得韭蓱齑②。又牛形状气力不胜王恺牛,而与恺出游,极晚发,争入洛城,崇牛数十步后迅若飞禽,恺牛绝走不能及。每以此三事为扼腕,乃密货崇帐下都督及御车人,问所以。都督曰:"豆至难煮,唯豫作熟末③,客至,作白粥以投之。韭蓱齑是捣韭根,杂以麦苗尔。"复问驭人牛所以驶。驭人云:"牛本不迟,由将车人不及制之尔。急时听偏辕④,则驶矣。"恺悉从之,遂争长。石崇后闻,皆杀告者。(《世说新语·汰侈》)

【注释】

①咄嗟:霎时。

②韭(jiǔ)蓱(píng)齑(jī):以韭菜为原料的凉拌菜。

③豫作:提前准备好。

④偏辕：将车轮侧过去。

然性奢豪，务在华侈①。帏帐车服②，穷极绮丽，厨膳滋味，过于王者。每燕见③，不食太官所设，帝辄命取其食。蒸饼上不坼作十字不食④。食日万钱，犹曰无下箸处。（《晋书·何曾传》）

【注释】

①华侈：豪华奢侈。

②帏帐：帐子、幔幕。

③燕见：古代帝王退朝闲居时召见或接见臣子。

④坼：边际，这里指蒸饼上出现的花纹。

王公贵族的别样食谱

吃素的梁武帝

魏晋南北朝时期,政权交替,社会动荡,百姓生活在水深火热之中。为了寻找心灵的出口,人们纷纷信奉宣扬生死轮回、因果报应的佛教,以求得精神的解脱。受佛教思潮的影响,梁武帝萧衍在各地大量修建寺庙,大力扶植佛教的传播,最终形成了儒、释、道三教融合的局面。梁武帝萧衍(464—549),字叔达,在位时间达48年,在南朝的皇帝中列第一位。在位期间颇有政绩,其晚年爆发"侯景之乱",都城陷落,最终被囚禁饿死于台城,享年86岁,谥为武帝,庙号高祖。由于信奉佛教,萧衍一改之前的饮食习惯,转而吃素,不食鱼肉,为了不添业障身体力行。然而长久的饮食不均衡却导致他因营养不良时常生病。朝中有大臣得知后纷纷劝告他不要再吃素,但为了追求信仰,萧衍始终"不食众生,无复杀害障"。

朕布衣之时，唯知礼义，不知信向①，烹宰众生，以接宾客，随物肉食，不识菜味。及至南面②，富有天下，远方珍羞，贡献相继；海内异食，莫不毕至，方丈满前③，百味盈俎。乃方食辍箸，对案流泣，恨不得以及温凊，朝夕供养，何心独甘此膳？因尔蔬食，不啖鱼肉，虽自内行，不使外知。至于礼宴群臣，肴膳案常。菜食味习，体过黄羸④，朝中班班，始有知者。谢朏、孔彦颖等，屡劝解素，乃是忠至，未达朕心。朕又自念有天下，本非宿志⑤。杜恕有云："刳心掷地⑥，数片肉耳。"所赖明达君子，亮其本心。谁知我不贪天下，唯当行人所不能行者，令天下有以知我心。复断房室，不与嫔侍同屋而处，四十余年矣。于时四体小恶⑦，问上省师刘澄之、姚菩提疾候所以。刘澄之云："澄之知是饮食过所致。"答刘澄之云："我是布衣，甘肥恣口⑧。"刘澄之云："官昔日食，那得及今日食？"姚菩提含笑摇头云："唯菩提知官，房室过多，所以致尔。"于时久不食鱼肉，亦断房室，以其智非和缓，术无扁华⑨，默然不言，不复诘问。犹令为治。刘澄之处酒，姚菩提处丸，服之病逾增甚，以其无所知，故不复服。因尔有疾，常自为方，不服医药，亦四十余年矣。本非精进，既不食众生，无复杀害障；既不御内，无复欲恶障。除此二障，意识稍明，内外经书，读便解悟。从是已来，始知归向。《礼》云："人生而静，天之性也；感物而动，性之欲也。"有动则心垢，有静则心净，外动既止，内心亦明，始自觉悟，

患累无所由生也。乃作《净业赋》云尔。(《全梁文·净业赋并序》)

【注释】

①信向：谓信任归向。

②南面：古代以坐北朝南为尊位，故天子、诸侯见群臣，或卿大夫见僚属，皆面南而坐。帝位面朝南，故代称帝位。

③方丈：一丈见方。

④黄羸：羸弱。

⑤宿志：素有的、向来的志愿。

⑥刳（kū）心：挖出心脏，表示忠心。

⑦四体小恶：四体，指人的四肢。小恶，生小病。

⑧恣口：放纵口欲，想吃什么就吃什么。

⑨扁华：指扁鹊和华佗。

宋明帝与蜜渍鱁鮧

宋明帝刘彧是历史上有名的从猪栏中爬出的暴君。刘彧（439—472），字休炳，小字荣期。由于体形肥胖，宋前废帝刘子业称刘彧为猪王，并让人在地上挖出一个大坑，里面灌上水和泥土，和成稀泥状，然后扒下刘彧的衣服，将他丢入坑中。又让人在坑中安置一个木槽，往槽里倒入剩菜剩饭，命令刘彧吃下。后因刘子业昏暴无道，刘彧弑杀刘子业取而代之。

称帝之后的刘彧在饮食上更加放纵，他偏好高热量的食物，且食量惊人，尤其喜爱"蜜渍鱁鮧"。《齐民要术》中记载了鱁鮧的做法，取石首鱼、魦鱼、鯔鱼三种鱼的鱼肠、鱼肚、鱼鳔，洗净之后放入密封罐中，加盐和蜂蜜腌制，颇有滋味。鱁鮧的主要原料是鱼肠，本就难以消化，而刘彧每次要进食数升，烤猪肉也是一顿就能吃下二百块，给肠胃造成极大负担。再加上进食之后大量饮酒，食物在胃中膨胀数倍，经常导致胸腹胀气，最后因不良的饮食习惯患病去世。

帝素能食，尤好逐夷①，以银钵盛蜜渍之②，一食数钵。谓扬州刺史王景文曰："此是奇味，卿颇足不？"景文曰："臣夙好此物，贫素致之甚难。"帝甚悦。食逐夷积多，胸腹痞胀③，气将绝。左右启饮数升酢酒④，乃消。疾大困，一食汁滓犹至三升⑤，水患积久，药不复效。大渐日⑥，正坐，呼道人，合掌便绝。(《南齐书·良政传·虞愿》)

【注释】

①逐夷：即鱁鮧，指鱼肚，也可指腌鱼肠。

②银钵：银制的容器。

③痞胀：郁结胀闷。

④酢酒：即醋酒，苦酒。

⑤汁滓：汁液与渣滓。

⑥大渐：谓病危。

宋明帝讳彧①，能食蜜渍鱁鮧②，一食数升。噉猪肉炙，常至二百块。(《宋书》)

【注释】

①讳彧：宋明帝名叫刘彧。

②鱁鮧：一种食品，即鱼肠酱。

作鱁鮧法：昔汉武帝逐夷，至于海滨。闻有香气而不见物，令人推求。乃是渔父，造鱼肠于坑中，以至土覆之。香气上达。取而食之，以为滋味。逐夷得此物，因名之；盖鱼肠酱也。取石首鱼①、鲨鱼②、鲻鱼③，三种，肠、肚、胞，齐净洗，空著白盐，令小倚咸。内器中，密封，置日中。夏二十日，春秋五十日，冬百日，乃好。熟食时下姜酢等④。(《齐民要术·卷八作酱法第七十》)

【注释】

①石首鱼：又名黄花鱼，也叫江鱼。此鱼出水能叫，夜间发光，头中有像棋子的石头，故称石首鱼。

②鲨鱼："鲨"古同"鲨"，一种淡水鱼，与今天的鲨鱼不同。

③鲻鱼：又名乌支、九棍、葵龙、田鱼、乌头、乌鲻、脂鱼、白眼、丁鱼、黑耳鲻。体延长，前部近圆筒形，后部侧扁，一般体长20—40厘米，体重500—1500克。全身被圆鳞，眼大、

眼睑发达。牙细小,成绒毛状,生于上下颌的边缘。

④酢:同"醋"。

齐武陵王与烧鹅

古代用餐要严格遵守礼仪要求,《论语》言"割不正不食",如果没有按照规定的刀数和部位切肉的话,便是不合"礼"。魏晋时期切肉也有专人负责,食客一般不自己动手。齐武陵王萧晔却在宴请臣子的时候一反常礼,亲自为下臣"割鹅炙",且手法娴熟,"应刃落俎",使得群臣不敢安坐。萧晔是南朝梁宗室贵族,字通明。史书中记载,他姿态优雅,善于谈吐,名盛海内,很受皇家宗室重视。在那样一个阶级分明的时代,武陵王萧晔勇敢打破礼教的约束亲自下厨,足见他对美食的热爱以及对臣子的礼重。他所烹饪的"鹅炙",就是烤鹅肉。《齐民要术》中记载了四种制作"鹅炙"的方法,分别是捣炙、衔炙、腩炙、筒炙,工艺复杂,手法考究。在调味上借用姜、橘皮、蒜等,能在去除食物异味的同时增加香气。早在千年前,人们对于各种食材的运用已经炉火纯青,这种料理方法也成为今天广东烧鹅的滥觞。

瓛弟琎。琎字子璥。

方轨正直①。宋泰豫中，为明帝挽郎②。举秀才，建平王景素征北主簿，深见礼遇。邵陵王征虏安南行参军。建元初，为武陵王晔冠军征虏参军。晔与僚佐饮，自割鹅炙③。琎曰："应刃落俎④，膳夫之事。殿下亲执鸾刀⑤，下官未敢安席⑥。"因起请退。与友人孔澈同舟入东，澈留目观岸上女子，琎举席自隔，不复同坐。（《南齐书·刘瓛传附刘琎传》）

【注释】

①方轨：指品行端正。

②挽郎：牵引灵柩唱挽歌的少年，一般选公卿以下六品子弟担任。

③鹅炙：烤鹅；烧鹅。

④俎：切肉或切菜时垫在下面的砧板。

⑤鸾刀：刀环有铃的刀，古代祭祀时割牲用。

⑥安席：宴会入座时敬酒的一种礼节。

捣炙法：取肥子鹅肉二斤，锉之，不须细锉。好醋三合，瓜菹一合①，葱白一合，姜、橘皮各半合，椒二十枚，作屑，合和之。更锉令调。聚著充竹弗上。破鸡子十枚；别取白，先摩之②，令调。复以鸡子黄涂之。唯急火急炙之，使焦。汁出便熟。作一挺，用物如上；若多作，倍之。若无鹅，用肥豚亦得也。

衔炙法：取极肥子鹅一头，净治，煮令半熟。去骨，锉之。

和大豆酢五合③,瓜菹三合,姜、橘皮各半合,切小蒜一合,鱼酱汁二合,椒数十粒作屑,合和,更锉令调。取好白鱼肉,细琢,裹作弗,炙之。

腩炙法:肥鸭,净治洗,去骨,作脔。酒五合,鱼酱汁五合,姜、葱、橘皮半合,豉汁五合④,合和,渍一炊久,便中炙。子鹅作亦然。

捣炙一名筒炙,一名黄炙:用鹅、鸭、獐、鹿、猪、羊肉。细斫,熬,和调如啖炙。若解离不成,与少面。

竹筒:六寸围,长三尺,削去青皮,节悉净去。以肉薄之。空下头,令手捉。

炙之欲熟,小干不著手。竖坏中,以鸡鸭白手灌之。若不均,可再上白;犹不平者,刀削之。

更炙,白燥,与鸭子黄;若无,用鸡子黄,加少朱助赤色。上黄:用鸡、鸭翅毛刷之。

急手数转,缓则坏。

既熟,浑脱,去两头,六寸断之。促奠二。

若不即用,以芦荻苞之⑤,束两头,布芦间,可五分,可经三五日。不尔,则坏。

与面,则味少酢;多则难著矣。(《齐民要术·卷九炙法第八十》)

【注释】

①瓜菹:腌制的酸瓜。

②摩：古同"磨"，摩擦。
③酢：调味用的酸味液体。
④豉汁：调味用的咸味调料。
⑤芦荻：又名芦竹，是多年生挺水高大宿根草本，形如芦苇。地下茎短缩、较粗壮，多分枝，叶片广披针形，圆锥花序顶生，穗状呈扫帚状，9—12月为花果期。这里指用芦荻将烤鹅包住，形似今天的叫花鸡。

爱吃鱼的曹操

曹操不仅是出色的政治家、军事家、文学家，还是一位响当当的美食家，尤喜食鱼肉。曹操（155—220），字孟德，一名吉利，小字阿瞒，沛国谯县（今安徽亳州）人，三国中曹魏政权的奠基人。东汉末年，天下大乱，曹操以汉天子的名义征讨四方，实行一系列政策恢复经济生产和社会秩序，奠定了曹魏立国的基础。在曹操的一生中，除了我们熟悉的诗歌外，曹操还著有《四时食制》，应为一部与饮食相关的著作。该书全文现已亡佚，仅有部分篇目被收入《太平御览》得以留存至今。从现有的文献来看，曹操十分熟悉鱼类，对鱼类产地、习性等都有一定了解，还会根据不同种类的鱼制定不同的料理方式，如蒸食鮎鱼、用子鱼制酱等，在饮食与养生方面极具心得。

鳡鱼①，大如五斗奁②，长丈，口颔下③。常三月中从河上；常于孟津捕之。黄肥④，唯以作酢。淮水亦有。(《曹操集·四时食制》)

【注释】

①鳡鱼：身体侧扁，背部苍黑色，腹部黄白色，嘴边有长短须各一对。肉味鲜美。生活在淡水中。

②五斗奁（lián）：五斗，五十升。奁，古代盛梳妆用品的匣子。

③口颔下：其口近颔下。颔，下巴。

④黄肥：鲤鱼肉色白、脂色黄如蜡。

郫县子鱼①，黄鳞赤尾，出稻田，可以为酱。(《曹操集·四时食制》)

【注释】

①郫县：古地名，在今灌县蚕崖外。子鱼：鲻鱼的别名。宋王得臣《麈史·诗话》："闽中鲜食最珍者，所谓子鱼者也。长七八寸，阔二三寸许，剖之子满腹，冬月正其佳时。莆田迎仙镇乃其出处。"宋梅尧臣《和答韩子华饷子鱼》："南方海物难具名，子鱼珍美无与并。"宋叶适《送王通判》诗："水有子鱼山荔枝，借我箸食前筹之。"明李时珍《本草纲目·鳞二·鲻鱼》："鲻，

色缁黑,故名。粤人讹为子鱼。"一说,为稻田中鱼。

疏齿鱼①,味如猪肉,出东海。(《曹操集·四时食制》)

【注释】

①疏齿鱼:具体不详。

鳡鲕鱼①,黑色,大如百斤猪,黄肥,不可食。数枚相随,一浮一沉。一名敷。常见首。出淮及五湖。(《曹操集·四时食制》)

【注释】

①鳡鲕鱼:李时珍在《本草纲目》中解释其为江豚别名。江豚,哺乳动物,生活在江河中,形状很像鱼,没有背鳍,头圆,眼小,全身黑色。吃小鱼和其他小动物。通称江猪。

曹植与七宝羹

吃七宝羹是中国古代传统岁时饮食风俗。相传女娲在创世第七天创造了人,于是古人将农历正月初七定为"人日",也就是"人"的生日。在这天人们通常要吃七宝羹,如今福建、广东、台湾等地仍保有这个习俗。七宝羹指用七种菜制成的菜肴,不同地区的人使用的材料也有所不同,如广东潮汕通常用芥菜、芥蓝、韭菜、春菜、芹菜、蒜、厚瓣菜;客家人普遍使用芹菜、蒜、葱、芫荽、韭菜加鱼、肉等；台湾、福建则选用菠菜、芹菜、葱蒜、韭菜、芥菜、荠菜、白菜等。但在魏晋时期，七宝羹指的是用驼蹄炖成的羹菜，相传为曹植所制。后世诗人也常提及驼蹄制成的佳肴，如唐杜甫的《自京赴奉先县咏怀五百字》："劝客驼蹄羹，霜橙压香橘。"宋苏轼的《次韵钱穆父马上寄蒋颖叔》："剩与故人寻土物，腊糟红曲寄驼蹄。"根据这些记载可以看出，驼蹄是用来款待客人的珍品。

陈思王制驼蹄为羹①，一瓯千金②，号"七宝羹"。(《杜诗注》)

【注释】

①驼蹄：骆驼之蹄足。加工后可为珍馐。羹：用蒸煮等方法做成的糊状、冻状食物。

②瓯（ōu）：小盆。

正月七日为人日，以七种菜为羹；剪彩为人，或镂金薄为人，以贴屏风，亦戴之头鬓；又造华胜以相遗①；登高赋诗。(《荆楚岁时记》)

【注释】

①华胜：即花胜。古代妇女的一种花形首饰。

陆机与千里莼羹

千里莼羹,是魏晋南北朝时期一道具有吴地风味的名菜,指的是用千里湖里生长的莼菜做的汤羹。它比普通的汤要更加黏稠,味道鲜美,不必用盐豉进行调味。相传陆机曾在拜访王济时说:"不加调味的莼羹比羊酪还要鲜美。"莼羹因此受到人们的喜爱。再到后来,西晋名士张翰为了吃莼羹宁可辞官回乡,这道"千里莼羹"自此成为一道历史名菜,后世多指家乡特产,寄托思乡之情。关于莼羹的做法,《清稗类钞》中有详细的记载,莼菜羹与普通的调羹在制作工艺上并无二致,只是在食材选择上,需搭配火腿丝、鸡丝、笋蕈丝、小肉圆食用,是一道独具吴地风味的菜肴。

陆机诣王武子①,武子前置数斛羊酪②,指以示陆曰:"卿江东何以敌此?"陆云:"有千里莼羹,但未下盐豉耳。"③(《世说新语·言语》)

【注释】

①陆机(261—303):字士衡,吴郡吴县(今江苏苏州)人。西晋著名文学家、书法家。王武子:王济(生卒年不详),字武子,太原晋阳(今山西太原)人。司徒王浑次子,官至骁骑将军、

侍中。

②羊酪：用羊乳制成的一种食品。常借指乡土特产的美味。

③盐豉：食品名，即豆豉。用黄豆煮熟霉制而成，常用以调味。

翰因见秋风起①，乃思吴中菰菜②、莼羹、鲈鱼脍，曰："人生贵适志，何能羁宦数千里，以邀名爵乎？"遂命驾而归。(《晋书·张翰传》)

【注释】

①翰：张翰，字季鹰，吴郡吴县（今江苏苏州）人。留侯张良后裔，吴国大鸿胪张俨之子，西晋文学家。

②菰菜：茭白。

思吴江歌

西晋·张翰

秋风起兮佳景时，

吴江水兮鲈鱼肥。

三千里兮家未归，

恨难得兮仰天悲。

高帝既为齐王①，置酒为乐，羹脍既至②，祖思曰③："此味故为南北所推。"侍中沈文季曰："羹脍吴食，非祖思所解。"④祖思曰:"炰鳖脍鲤⑤,似非句吴之诗。"文季曰:"千里莼羹⑥,岂关鲁、卫。"帝甚悦,曰:"莼羹故应还沈。"(《南史列传三十七卷四十七》)

【注释】

①高帝:齐高帝萧道成(427—482),字绍伯,小名斗将,西汉丞相萧何二十四世孙。南北朝时期南齐开国皇帝,479—482年在位。

②羹脍:菜羹。

③祖思:崔祖思,字敬元,清河郡东武城县(今河北故城)人,崔琰七世孙也。

④沈文季:字仲达,吴兴武康(今浙江德清)人。南朝齐大臣,司空沈庆之之子。父沈庆之为前废帝所杀,文季挥刀驰马杀出重围,遂免于难。吴食:吴地的食物。

⑤炰鳖脍鲤:珍美的馔食。郑玄曰:"又加其珍美之馔,所以极劝也。"

⑥莼羹:用莼菜烹制的羹。

虞悰与生鱼片

魏晋南北朝时期,各路名士雅好饮酒,自然对下酒菜颇有研究,"鲭鲊"便是一道醒酒佳品。鲭鲊,是指用腌鱼制成的鱼脍,而鱼脍,就是我们现在所说的生鱼片。生鱼片是一道中国传统名菜,最早可以追溯到周宣王时期,古代称其为脍或鲙,是以新鲜的鱼贝类生切成片,蘸调味料食用的食物总称,最常用的食材是鲈鱼。起源于中国,后传至日本、朝鲜半岛等地。由于鱼脍与酒十分搭配,魏晋时期人们尤喜食之。虞悰是南北朝时期的官员,家财万贯且擅长品鉴美食,连皇帝都要向他讨教一二。即便皇帝使出浑身解数,最终也只从虞悰那里得到了"醒酒鲭鲊",也就是生鱼片这一个秘方而已。

悰善为滋味①,和齐皆有方法。豫章王嶷盛馔享宾,谓悰曰:"今日肴羞②,宁有所遗不?"悰曰:"恨无黄颔臛③,何曾《食疏》所载也。"迁散骑常侍、太子右率④。永明八年,大水,百官戎服救太庙,悰朱衣乘车卤簿,于宣阳门外行马。内驱打人,为有司所奏,见原。上以悰布衣之旧,从容谓悰曰:"我当令卿复祖业。"转侍中,朝廷咸惊其美拜。迁祠部尚书。世祖幸芳林园,就悰求扁米粣⑤。悰献粣及杂肴数十举,太官鼎味不及也⑥。上就悰求诸饮食方,悰秘不肯出。上醉后体不快,悰乃献醒酒鲭鲊一方而已⑦。(《南齐书列传·第十八卷三十七》)

【注释】

①悰:虞悰(435—499),字景豫,会稽余姚人也,南北朝时期的官僚和医学家。出生于会稽余姚(今宁波余姚)的门阀士

族家庭，为虞潭五世孙。

②肴羞：美味的菜肴。

③黄颔臛：黄颔，蛇名。臛，羹臛，指肉羹。

④右率：官职名。

⑤籼：用熟米粉和羹制作成粽子。

⑥鼎味：鼎中美食。

⑦鲭鲊：用腌鱼制作的鱼脍。

雅人韵士的饮食格调

老饕们的舌尖盛宴

品类丰富的饼

饼,这种现在极为常见的食物在魏晋时期可谓大有来头。在相当长的一段时间内,饼几乎成为所有面食的统称,无论是包子、馒头、面条,都可称之为"饼"。也因为如此,饼兼具饱腹、社交、祭祀、占卜等多重功能。魏明帝就曾用御赐汤饼的办法来验证何晏是否化妆,王羲之也因为袒胸露乳地在床上吃饼而被选中最后成为东床快婿。饼的制作方式也分很多种,有的形如我们今天吃的米粉,也有类似烧饼、糖饼一类的面食,无不展现出中国古代人民高超的面点手艺。

《食经》曰:作饼酵法:酸浆一斗[1],煎取七升[2]。用粳米一升[3],著浆,迟下火,如作粥。六月时,溲一石面,著二升;冬时,著四升作。(《齐民要术·卷九饼法第八十二》)

【注释】

①酸浆：草名。多年生草本植物，高二三尺，叶卵形而尖，六七月开白花。开花后，萼肥大成囊状，包围浆果，其色红，根茎花实均可入药，有清热化痰的功用。

②煎取七升：取一斗酸浆煎至剩七升。

③粳米：粳稻碾出的米。

作白饼法①：面一石。白米七八升，作粥；以白酒六七升酵中。著火上。酒鱼眼沸②，绞去滓③，以和面。面起可作。(《齐民要术·卷九饼法第八十二》)

【注释】

①白饼：最基本的素饼。

②酒鱼眼沸：酒煮至出现鱼眼大小的气泡。

③绞去滓：除去汤中的杂质。

作烧饼法①：面一斗，羊肉二斤，葱白一合，豉汁及盐②，熬令熟。炙之。面当令起。(《齐民要术·卷九饼法第八十二》)

【注释】

①烧饼：同今天的烧饼类似，用面、羊肉、调味料等制作而成。

②豉汁：一种由豆类制成的调味品。

髓饼法①：以髓脂、蜜②，合和面。厚四五分，广六七寸。便著胡饼炉中，令熟。勿令反覆③！饼肥美，可经久。(《齐民要术·卷九饼法第八十二》)

【注释】

①髓饼：同我们今天吃的油饼。

②髓脂：骨髓油。

③勿令反覆：不要翻面。

鸡鸭子饼：破，写瓯中①；少与盐。锅铛中，膏油煎之②，令成团饼③。厚二分。全奠一④。(《齐民要术·卷九饼法第八十二》)

【注释】

①写瓯中：把鸡蛋、鸭蛋打入容器中。

②膏油煎之：放入锅中用猪油煎制。

③令成团饼：使它们结成一整团。

④全奠一：整张饼端入席。

细环饼、截饼：环饼一名"寒具"①，截饼一名"蝎子"。皆须以蜜调水溲面②。若无蜜，煮枣取汁。牛羊脂膏亦得③；用牛羊乳亦好，令饼美脆④。(《齐民要术·卷九饼法第八十二》)

【注释】

①寒具：又叫饼。冬春季节可贮存几个月，到寒食禁烟时当干粮用，所以名叫寒具。

食在魏晋　053

②溲：浸泡。

③亦得：也可以替代。

④令饼美脆：使饼更加美味酥脆。

粉饼法：以成调肉臛汁①，接沸溲英粉②，若用粗粉，脆而不美③；不以汤溲，则生不中食④。如环饼面。先刚溲；以手痛揉⑤，令极软熟。更以臛汁，溲令极泽，铄铄然⑥。割取牛角，似匙面大。钻作六七小孔，仅容粗麻线。若作水引形者，更割牛角，开四五孔，仅容韭叶。(《齐民要术·卷九饼法第八十二》)

【注释】

①肉臛：肉羹。

②英粉：精磨的细粉。

③脃："脆"的异体字。

④生不中食：如果不用汤浸泡的话，那么饼将会返生而无法食用。

⑤痛揉：使劲按揉。

⑥铄铄然：油光润泽貌。

豚皮饼法一名"拨饼"①：汤溲粉，令如薄粥。大铛中煮汤；以小杓子挹粉，著铜钵内；顿钵著沸汤中，以指急旋钵，令粉悉著钵中四畔。饼既成，仍挹钵倾饼著汤中②，煮熟。令漉出，著冷水中。酷似豚皮。臛浇麻酪③，任意；滑而且美。(《齐民要

术·卷九饼法第八十二》)

【注释】

①豚皮饼:类似今天两广地区的炒河粉。

②挹:舀,把液体盛出来。

③麻酪:胡麻饮和酪浆。

何平叔美姿仪①,面至白。魏明帝疑其傅粉②,正夏月,与热汤饼。既啖③,大汗出,以朱衣自拭④,色转皎然⑤。(《世说新语·容止》)

【注释】

①姿仪:谓美好的仪态。

②傅粉:搽粉。

③啖:吃。

④自拭:自己擦拭。

⑤皎然:明亮洁白貌。

褚公于章安令迁太尉记室参军①,名字已显而位微,人未多识。公东出,乘估客船②,送故吏数人投钱唐亭住。尔时③,吴兴沈充为县令,当送客过浙江,客出,亭吏驱公移牛屋下。潮水至,沈令起彷徨,问:"牛屋下是何物人?"吏云:"昨有一伧父来寄亭中④,有尊贵客,权移之。"令有酒色,因遥问:"伧父欲食饼不?姓何等?可共语。"褚因举手答曰:"河南褚季野。"远近久承公名,令于是大遽⑤,不敢移公,便于牛屋下修刺诣公⑥。更宰杀为馔具⑦,于公前鞭挞亭吏,欲以谢惭。公与之酌宴,言色无异,状如不觉。令送公至界。(《世说新语·雅量》)

【注释】

①褚公:东晋时有名的大将。记室参军:中国古代诸王及将帅的幕僚,官名。

②估客:原指物价,后多指行商。

③尔时:指此时或彼时。

④伧父:泛指粗俗、鄙贱之人,犹言村夫。寄:依靠,依附。

⑤遽(jù):惊惧、慌张。

⑥修刺:置备名帖,作通报姓名之用。

⑦具:摆设,供置。

姚泓叔父大将军绍总司戎政①,召胡僧问以休咎②。僧乃以面为大胡饼形,径一丈,僧坐在上。先食正西,次食正北,次食正南,所余卷而吞之。讫便起去,了无所言。是岁五月,杨盛大破姚军于清水。九月,晋师北讨,扫定颍洛,遂席卷丰镐③,生禽泓焉。(《幽冥录》)

【注释】

①姚泓(388—417):字元子,京兆郡长安县(今陕西西安长安区)人,后秦文桓帝姚兴长子,后秦末代皇帝。总司戎政:总管军事与政务。

②胡僧：古代泛称西域、北地或外来的僧人。休咎：吉与凶、善与恶，指占卜来年的运势。

③丰镐：周的旧都。文王邑丰，在今陕西西安西南丰水以西。武王迁镐，在丰水以东。其后周公虽营洛邑，丰镐仍为当时政治文化中心。后常用来借指国都。

宋公至长安，得姚泓时故太官丞程季者①，了了人也②。公曰："今日之食，何者最先？"季曰："仲秋御景③，离蝉欲静，燮燮晓风④，凄凄夜冷。臣当此景，唯能说饼。"公曰："善。"季乃称曰："安定噎鸠之麦⑤，洛阳董德之磨，河东长若之葱，陇西舐背之犊⑥，抱罕赤髓之羊，张掖北门之豉⑦，然以银屑，煎以金铫⑧，洞庭负霜之橘，仇池连蒂之椒，调以济北之盐，锉以新丰之鸡。细如华山之玉屑，白如梁甫之银泥，既闻香而口闷，亦见色而心迷。"公曰："善。"（《艺文类聚·饼说》）

【注释】

①太官：官名。后秦有太官令、丞，属少府。

②了了：心里明白、清清楚楚、通达。

③仲秋：秋季的第二个月，即农历八月。

④燮燮：象声词。

⑤麦：一年生或二年生草本植物，有"小麦""大麦""燕麦"等多种，籽实供磨面食用，亦可用来制糖或酿酒。

⑥舐背之犊：刚出生的小牛。

⑦豉：一种用熟的黄豆或黑豆经发酵后制成的食品。

⑧金铫：用来加热东西的金属器皿。

诸葛武侯之征孟获，人曰："蛮地多邪术①，须祷于神，假阴兵一以助之②。然蛮俗必杀人，以其首祭之，神则向之，为出兵也。"武侯不从，因杂用羊豕之肉③，而包之以麪④，像人头，以祠。神亦向焉，而为出兵。后人由此为馒头。（《事物纪原》）

【注释】

①蛮地：蛮夷之地。邪术：不正当的方术，妖术。

②阴兵：神兵、鬼兵。

③豕：猪。

④麪：麦的籽实磨成的粉。

王羲之幼有风操①，郗虞卿。闻王氏诸子皆俊，令使选婿。诸子皆饰容以待客，羲之独坦腹东床②，啮胡饼③，神色自若。使具以告。虞卿曰："此真吾子婿也！"问为谁，果是逸少④，乃妻之。（《晋书》）

【注释】

①风操：风范操守。

②坦腹：袒露胸腹。比喻赤诚。

③胡饼：犹今之烧饼。

④逸少：美少年。

清·樊圻 《兰亭修禊图》(局部)

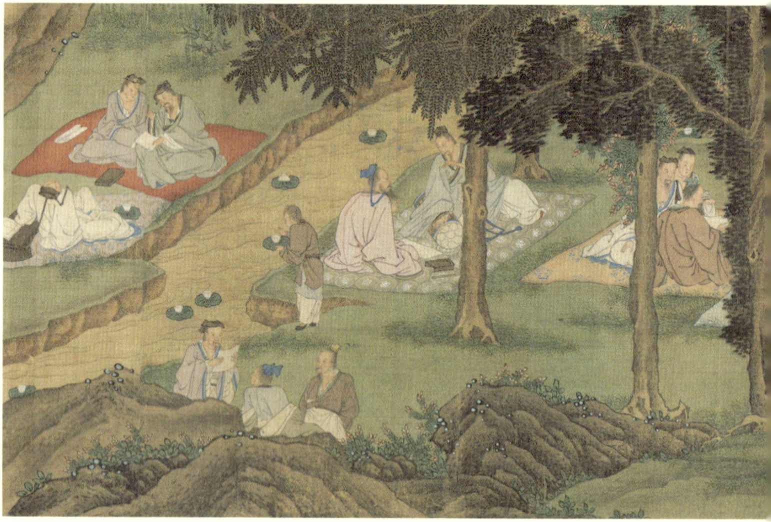

清·樊圻 《兰亭修禊图》(局部)

清·樊圻 《兰亭修禊图》(局部)

千年佳话鲈鱼脍

在历代文人的渲染下,鲈鱼脍在中国美食史上留下了浓墨重彩的一笔。辛弃疾的一句"休说鲈鱼堪脍,尽西风,季鹰归未"道不尽对家乡的思念之情。这个典故最初出自《晋书·张翰传》,当时张翰宁可辞官也要回乡的理由,便是放不下那只有家乡才有的千里莼羹与鲈鱼脍,久而久之,"莼鲈之思"便成了文人思乡情愫的象征。那么鲈鱼脍的魅力究竟在哪里呢?脍,指的是细切的肉,鲈鱼脍便是指切得极细的鲈鱼肉,与现在的生鱼片类似。这道菜之所以让人魂牵梦绕,更多的是源于其料理中使用的新鲜食材,也就是鲈鱼本身的鲜味。在此基础上,人们发现用生姜搭配鱼肉食用更能激发食物的香气,最终形成了这样一道名垂千古的美食。

齐王冏辟为大司马东曹掾[①]。冏时执权,翰谓同郡顾荣曰:"天下纷纷,祸难未已。夫有四海之名者,求退良难。吾本山林间人,无望于时。子善以明防前,以智虑后。"荣执其手,怆然曰[②]:"吾亦与子采南山蕨,饮三江水耳。"翰因见秋风起,乃思吴中菰菜、莼羹、鲈鱼脍[③],曰:"人生贵得适志,何能羁宦数千

食在魏晋

里以要名爵乎④!"遂命驾而归。俄而冏败,人皆谓之见机。然府以其辄去,除吏名。翰任心自适,不求当世。或谓之曰:"卿乃可纵适一时,独不为身后名邪?"答曰:"使我有身后名,不如即时一杯酒。"时人贵其旷达。(《晋书·张翰传》)

【注释】

①曹掾:官名,在汉朝公府办事分曹,有东曹、西曹等,各曹办事官员称曹掾。

②怆然:悲伤的样子。

③菰菜:即茭白。菰羹:菰菜做的羹。

④羁宦:在他乡做官。

左慈字元放,庐江人也。少有神通①。尝在曹公座,公笑顾众宾曰:"今日高会,珍羞略备。所少者,吴松江鲈鱼为脍②。"放曰:"此易得耳。"因求铜盘贮水,以竹竿饵钓于盘中。须臾,引一鲈鱼出。公大拊掌③,会者皆惊。公曰:"一鱼不周坐客④,得两为佳。"放乃复饵钓之。须臾,引出,皆三尺余,生鲜可爱⑤。公便自前脍之,周赐座席。公曰:"今既得鲈,恨无蜀中生姜耳⑥。"放曰:"亦可得也。"公恐其近道买,因曰:"吾昔使人至蜀买锦,可敕人告吾使,使增市二端⑧。"人去,须臾还,得生姜。又云:"于锦肆下见公使⑨,已敕增市二端。"后经岁余,公使还,果增二端。问之,云:"昔某月某日,见人于肆下,以公敕敕之。"后公出近郊,士人从者百数。放乃赍酒一罂⑩,脯一片⑪，手自倾罂，行酒百官，百官莫不醉饱。公怪，使寻其故。行视沽酒家⑫，昨悉亡其酒脯矣。公怒，阴欲杀放。放在公座，将收之，却入壁中，霍然不见。乃募取之⑬。或见于市，欲捕之，而市人皆放同形，莫知谁是。后人遇放于阳城山头，因复逐之，遂走入羊群。公知不可得，乃令就羊中告之，曰："曹公不复相杀，本试君术耳⑭。今既验，但欲与相见。"忽有一老羝⑮，屈前两膝，人立而言曰："遽如许。"人即云："此羊是。"竞往赴之。而群羊数百，皆变为羝，并屈前膝，人立，云："遽如许。"于是遂莫知所取焉。老子曰："吾之所以为大患者，以吾有身也；及吾无身，吾有何患哉。"若老子之俦⑯，可谓能无身矣，岂不远哉也。(《搜神记》)

【注释】

①神通：佛教指神佛具有的神奇能力，今指出奇的手段或本领。

②脍：细切的肉。

③拊(fǔ)掌：拍手。

④不周坐客：形容衣食缺乏，生活困窘。

⑤生鲜：增添鲜丽。

⑥蜀中生姜：姜科植物姜的根茎。形状粗而不规则，极辣而有芳香，广泛用作香料，有时入药。

⑦敕人：差人。

⑧二端：两种主意。

⑨锦肆：出售锦缎的店铺。常用以比喻文辞华丽。

⑩赉酒：酒名。罂：古代大腹小口的酒器。

⑪脯：水果蜜渍后晾干的成品。

⑫沽酒：从市上买来的酒。

⑬募：广泛征求。

⑭本试君术：汉代方士李少君自称能招致亡魂，曾用石刻汉武帝所爱李夫人的像，放在轻纱幕里，远远看去，形如生时。后因以"少君术"泛称招魂之术。

⑮羝：公羊。

⑯俦：同辈，伴侣。

上层名流食蟹成风

中国人食蟹已有几千年的历史，原本吃法单一的螃蟹在魏晋时期却被吃出了不一样的仪式感。古人最早是将螃蟹做成蟹酱，也就是"蟹胥"，这种吃法较为简单粗暴，能够快速满足人们的味蕾。到了魏晋时期，风雅的文人们在吃法上显得格外讲究，毕卓的一句"右手执酒杯，左手执蟹螯，拍浮酒船中，便足了一生矣"使吃蟹成为一种文化，人们以蟹会友，饮酒作诗，极富生活情趣。由于螃蟹极易变质影响风味，《齐民要术》中专门记载了"藏蟹"的方法。从如何挑选螃蟹，到使用的器具、调料、烹饪的方式，都一一记载下来，使吃货们能够随时享用美味。

蔡司徒渡江①，见彭蜞②，大喜曰："蟹有八足，加以二螯③。"令烹之。既食，吐下委顿④，方知非蟹。后向谢仁祖说此事⑤，谢曰："卿读《尔雅》不熟⑥，几为《劝学》死⑦。"（《世说新语·纰漏》）

【注释】

①蔡司徒：蔡谟，字道明，陈留郡考城县人。东晋重臣，曹魏尚书蔡睦曾孙，西晋乐平太守蔡德之孙，从事中郎蔡克之子。与诸葛恢、荀闿并称"中兴三明"，又与郗鉴等八人并称"兖州八伯"。

②彭蜞：类似蟹类的动物，但不能食用。

③螯：螃蟹等节肢动物变形的第一对脚，形状像钳子。

④委顿：疲乏，憔悴。

⑤谢仁祖：谢尚，字仁祖，陈郡阳夏（今河南太康）人。东晋时期名士、将领，豫章太守谢鲲之子、太傅谢安从兄。

⑥《尔雅》：是辞书类文学作品，最早收录于《汉书·艺文志》，但未载作者姓名。作品中收集了比较丰富的古汉语词汇。

⑦《劝学》：是战国时期思想家、文学家荀子创作的一篇论说文，是《荀子》一书的首篇。

于后数日，庆之遇病，心上急痛，访人解治。元慎自云能解，庆之遂凭元慎。元慎即口含水噀庆之曰："吴人之鬼，住居建康，小作冠帽，短制衣裳。自呼阿侬，语则阿傍。菰稗为饭①，茗饮作浆②。呷啜莼羹③，唼嗍蟹黄④，手把豆蔻⑤，口嚼槟榔。乍至中土，思忆本乡。急手速去，还尔丹阳。若其寒门之鬼，头犹修，网鱼漉鳖⑥，在河之洲。咀嚼菱藕⑦，捃拾鸡头⑧，蛙羹蚌臛⑨，以为膳羞⑩。布袍芒履⑪，倒骑水牛，沅、湘、江、汉，鼓棹遨游⑫。随波溯浪，险喝沉浮，白苎起舞⑬，扬波发讴⑭。急手速去，还尔扬州。"庆之伏枕曰："杨君见辱深矣。"自此后，吴儿更不敢解语。(《洛阳伽蓝记》)

【注释】

①菰稗：茭白和稗子。

②茗饮：饮茶。

③呷啜(xiā chuò)：吃和喝。

④唼嗍：谓吃食。

⑤豆蔻：植物名。又称草豆蔻、白豆蔻。叶大，披针形，花淡黄色，果实扁球形，种子有芳香气味。果实和种子可入药。

⑥漉(lù)鳖：用网捞取鳖。

⑦菱藕：菱角。

⑧捃(jùn)拾：拾取，收集。

⑨蛙羹：青蛙做的肉羹。蚌臛：蚌做的肉羹。

⑩膳羞：美味的食品。

⑪芒履：用芒茎外皮编织成的鞋，亦泛指草鞋。

⑫鼓枻：划桨。

⑬白苎（zhù）：白色的苎麻，这里指白苎所织的夏布。

⑭讴：唱歌。

毕卓字茂世①，新蔡铜阳人也。父谌，中书郎。卓少希放达，为胡毋辅之所知②。太兴末，为吏部郎，常饮酒废职。比舍郎酿熟，卓因醉夜至其瓮间盗饮之③，为掌酒者所缚，明旦视之，乃毕吏部也，遽释其缚。卓遂引主人宴于瓮侧，致醉而去。卓尝谓人曰："得酒满数百斛船，四时甘味置两头，右手持酒杯，左手持蟹螯，拍浮酒船中，便足了一生矣。"及过江，为温峤平南长史，卒官。（《晋书·毕卓传》）

【注释】

①毕卓：东晋官员，字茂世，新蔡铜阳人。历仕吏部郎、温峤平南长史。晋元帝太兴末年为吏部郎，因饮酒而被革职。

②胡毋辅之：复姓胡毋，名辅之，字彦国，晋代泰山郡奉高县人。与王澄、王敦、庾敳号称"四友"。

③瓮间：放置酒瓮的房间。

藏蟹法：九月内，取母蟹。母蟹齐大，圆，竟腹下；公蟹狭而长。得则著水中，勿令伤损及死者；一宿，则腹中净。久则吐黄，吐黄则不好。先煮薄䬾。䬾：薄饧①。著活蟹于冷瓮中，一宿。煮蓼汤和白盐②，特须极咸。待冷，瓮盛半汁③；取䬾中蟹，内著盐蓼汁中，便死。蓼宜少著，蓼多则烂。泥封二十日，出之。举蟹齐，著姜末，还复齐如初。内著坩瓮中④，百个各一器。以前盐蓼汁浇之，令没。密封，勿令漏气，便成矣。特忌风里，风则坏而不美也。

又法：直煮盐蓼汤，瓮盛，诣河所。得蟹，则内盐汁里；满便泥封。虽不及前，味亦好。慎风如前法。食时，下姜末调黄，盏盛姜酢⑤。(《齐民要术·卷八作酱法第七十》)

【注释】

①饧（xíng）：糖稀。

②蓼（liǎo）：一年生草本植物，叶披针形，花小，白色或浅红色，果实卵形、扁平，生长在水边或水中。茎叶味辛辣，可用以调味。全草入药。亦称"水蓼"。白盐：即食盐。

③瓮：一种盛水或酒等的陶器。

④坩瓮：用来熔化金属或其他物质的器皿，多用陶土或白金制成，能耐高热。

⑤姜酢：由姜和酸味液体制成的调味品。

美食家的绝对味觉

知味者

魏晋时期，伴随着人们对食物了解的逐渐加深，在食材挑选、保存及烹饪技法上，食客们也颇为讲究。这也催生出一批口味刁钻的美食家，他们往往善于品尝滋味，被人们称呼为"知味者"，历史上有名的美食家也大多出现在这个时期。

《晋书》中就记载了苻朗知味的故事，他不仅能够尝出盐味的细微差别，还能通过品尝鸡肉、鹅肉得知鸡的住所如何，鹅的羽毛是什么颜色。无独有偶，《世说新语》中也记载了荀勖能够通过品尝笋分辨出柴火好坏的故事。虽然在今天看来这些故事有些天方夜谭，但可以看出这一时期人们对食物的口味很是讲究。除此之外，更有一批美食家凭借自己的影响力成功带火几道"名菜"，如前文提及的备受文学家陆机与张翰推崇的"千里莼羹"，左思《蜀都赋》中描写的早期川菜，著名画家顾恺之"渐至佳境"的甘蔗吃法，都反映出魏晋时期的雅人韵士对美食的独到见解。

荀勖尝在晋武帝坐上食笋进饭①，谓在坐人曰："此是劳薪炊也②。"坐者未之信，密遣问之，实用故车脚。(《世说新语·术解》)

【注释】

①荀勖：魏晋间乐律学家。

②劳薪：旧时木轮车的车脚吃力最大，使用数年后均用来烧柴，因此叫作劳薪。

顾长康啖甘蔗①，先食尾。人问所以，云："渐至佳境。"(《世说新语·排调》)

【注释】

①顾长康：东晋著名画家顾恺之，水墨画鼻祖，作有《洛神赋图》。

苻朗，字元达，坚之从兄子也。性宏达，神气爽迈，幼怀远操①，不屑时荣②。坚尝目之曰："吾家千里驹也③。"征拜镇东将军④、青州刺史，封乐安男，不得已起而就官。及为方伯⑤，有若素士⑥，耽玩经籍⑦，手不释卷，每谈虚语玄，不觉日之将夕；登涉山水，不知老之将至。在任甚有称绩。

后晋遣淮阴太守高素伐青州，朗遣使诣谢玄于彭城求降，玄表朗许之，诏加员外散骑侍郎。既至扬州，风流迈于一时，超然自得，志陵万物，所与悟言，不过一二人而已。骠骑长史王忱，江东之俊秀，闻而诣之，朗称疾不见。沙门释法汰问朗曰："见王吏部兄弟未？"朗曰："吏部为谁？非人面而狗心、狗面而人心兄弟者乎？"王忱丑而才慧，国宝美貌而才劣于弟，故朗云然。汰怅然自失。其忤物侮人，皆此类也。

谢安常设宴请之⑧，朝士盈坐，并机褥壶席。朗每事欲夸之，唾则令小儿跪而张口，既唾而含出，顷复如之，坐者为不及之远也。又善识味，咸酢及肉皆别所由⑨。会稽王司马道子为朗设盛馔，极江左精肴。食讫，问曰："关中之食孰若此？"答曰："皆好，惟盐味小生耳⑩。"既问宰夫，皆如其言。或人杀鸡以食之，既进，朗曰："此鸡栖恒半露。"检之，皆验。又食鹅肉，知黑白之处⑪。人不信，记而试之，无毫厘之差。时人咸以为知味。

后数年，王国宝谮而杀之。王忱将为荆州刺史，待杀朗而后发。临刑，志色自若，为诗曰："四大起何因？聚散无穷已。既过一生中，又入一死理。冥心乘和畅⑫，未觉有终始。如何箕山夫，奄焉处东市！旷此百年期，远同嵇叔子。命也归自天，委化任冥纪。"著《苻子》数十篇行于世，亦《老》《庄》之流也。
(《晋书·苻朗传》)

【注释】

①远操：高远的节操。

②时荣：当时的荣华。

③千里驹：犹千里马，少壮的良马。喻指能力极强的少年人才。

④征拜：征召授官。

⑤方伯：殷周时期一方诸侯之长，后泛称地方长官。汉以来之刺史，唐之采访使、观察使，明清之布政使均称"方伯"。

⑥素士：犹言布衣之士，亦指贫寒的读书人。

⑦耽玩：专心研习，深切玩赏。

⑧谢安：东晋时期著名政治家，善行书，通音乐，被称为"江左风流宰相"。

⑨酢：酸。

⑩盐味小生：盐味儿没有十分进去。

⑪知黑白之处：知道什么地方长黑毛，什么地方长白毛。

⑫冥心：泯灭俗念，使心境宁静。

惠帝中，人有得鸟毛三丈，以示华。华见，惨然曰："此谓海凫毛也①，出则天下乱矣。"陆机尝饷华鲊②，于时宾客满座，华发器，便曰："此龙肉也。"众未之信，华曰："试以苦酒濯之③，必有异。"既而五色光起。机还问鲊主，果云："园中茅积下得一白鱼，质状殊常，以作鲊，过美，故以相献。"武库封闭甚密，其中忽有雉雏④。华曰："此必蛇化为雉也。"开视，雉侧果有蛇蜕焉。吴郡临平岸崩，出一石鼓，槌之无声。帝以问华，华曰："可取蜀中桐材，刻为鱼形，扣之则鸣矣。"于是如其言，果声闻

数里。(《晋书·张华传》)

【注释】

①海凫：一种海鸟。古代曾有"海凫出，天下乱"的传说。

②鲊：一种用盐和红曲腌的鱼。

③苦酒：醋的别名。

④雉雊：雉鸣叫。古人常以"雉雊"为变异之兆。

风靡一时的水中珍品

鳢鱼脯

  这是一道独具匠心的美食,源自贾思勰在《齐民要术》中的精妙记载。每逢十一月至腊月间,人们便会挑选肥美的鳢鱼,无须繁复处理,只需以木棍贯穿首尾,随后灌入由盐、姜、椒精心调制的汤液。这样处理过的鳢鱼,以十条为一组,悬挂于北屋檐下进行自然风干。待至来年二月,这些鱼便化身为腌制得恰到好处的鳢鱼脯。虽与今日的咸鱼干制作法相似,但品尝的方法却大相径庭。食用时,首先去其内脏,再将鱼身浸入醋中,这样的调味方法使得鳢鱼脯的风味更胜一筹,甚至超越了"逐夷"(一种古代特制的腌鱼肠)的鲜美。还可以将鱼肉用草巧妙地包裹,外层再封以泥土,置于炭火之上慢慢烘烤。待烤至恰到好处,剥去泥土与草叶,用皮布裹着木槌轻轻敲打,鱼肉逐渐松散,色泽洁白如雪。无论是佐餐还是下酒,这份经过精心制作的鳢鱼脯都别有一番风味,令人回味无穷。

作鳢鱼脯法①:一名"鲖鱼"也。十一月初至十二月末作之。不鳞不破②,直以杖刺口令到尾③。杖尖头作樗蒲之形④。作咸汤,令极咸;多下姜椒末。灌鱼口,以满为度。竹杖穿眼,十个一贯;口向上,于屋北檐下悬之。经冬令瘃⑤。至二月三月,鱼成。生剖取五脏,酸醋浸食之,隽美乃胜逐夷⑥。其鱼,草裹泥封,塘灰中爊⑦。去泥草,以皮布裹而槌之。白如珂雪⑧,味又绝伦。过饭下酒,极是珍美也。(《齐民要术·卷八脯腊第七十五》)

【注释】

①鳢鱼:即鲤鱼,亦称"黑鱼",身体侧扁,背部苍黑色,腹部黄白色,嘴边有长短须各一对。肉味鲜美。

②不鳞不破:不破坏鱼身及鱼鳞。

③刺口令到尾:这里指用木棍从口部一直刺穿到尾部。

④樗蒲:樗蒲是继六博戏之后,汉末盛行的一种棋类游戏。博戏中用于掷采的投子最初是用樗木制成,故称樗蒲。又由于这种木制掷具系五枚一组,所以又叫五木之戏,或简称五木。这里指两头尖锐的形状。

⑤瘃(zhú):冻而凝结。

⑥逐夷:即鲝鮧,河豚肉;腌鱼肠。

⑦爊(āo):放在火上煨熟。

⑧珂雪:犹白雪。喻洁白。

鱼鲊

在古代，由于保鲜技术的局限，生鲜产品极易腐坏，人们智慧地探索出各种方法来延长食物的保鲜期。腌制，作为一种古老而有效的技艺，不仅让食物得以长期保存，更在时间的酝酿下赋予了食物新的风味。鱼鲊是鱼类腌制品的总称，其制作工艺凝聚了古人的智慧与匠心。

在腌制鱼鲊的过程中，每一个步骤都蕴含着对食物本真的敬畏和追求。首先，腌制的时间至关重要，春秋两季气候适宜，为最佳腌制时期。冬季太冷，腌鱼难以熟成；夏季太热，则需增加盐分且易生虫害。在食材的选择上，古人讲究选用较大的鱼进行腌制，因为这样的鱼肉质更为紧实，且瘦肉腌制出的风味更佳。在处理食材时，需细心刮去鱼鳞，均匀切片，保留鱼皮，以保持鱼肉的完整与口感。随后再与盐、橘皮、茱萸、米粒、酒等材料精心混合，一层一层地铺放在特定的容器中，紧密封好。随着时间的推移，鱼鲊在密封的容器中静静发酵，逐渐腌出红色的浆水，直至浆水散发出阵阵诱人的酸味，这标志着鱼鲊已经腌制成熟。这份经过时间酝酿的美味，不仅是对食物的珍视,更是对古人智慧的传承与致敬。

凡作鲊①,春秋为时,冬夏不佳。寒时难熟;热,则非咸不成。咸复无味,兼生蛆,宜作裹鲊也②。

取新鲤鱼③。鱼,唯大为佳。瘦鱼弥胜④;肥者虽美,而不耐久。肉长尺半已上,皮骨坚硬,不任为脍者,皆堪为鲊也。去鳞讫⑤,则脔⑥。脔形长二寸,广一寸,厚五分;皆使脔别有皮。脔大者,外以过熟,伤醋不成任食;中始可;近骨上,生腥不堪食。常三分收一耳。脔小则均熟。寸数者,大率言耳;亦不可要然。脊骨宜方斩。其肉厚处,薄收皮;肉薄处,小复厚取皮。脔别斩过,皆使有皮,不宜令有无皮脔也。手掷著盆水中,浸洗,去血。脔讫,漉出,更于清水中净洗,漉著盘中,以白盐散之。盛著笼中,平板石上,迮去水⑦。世名"逐水盐"。水不尽,令鲊脔烂;经宿迮之,亦无嫌也。水尽,炙一片,尝咸淡。淡则更以盐和糁⑧,咸则空下糁。下,复以盐按之。(《齐民要术·卷八作鱼鲊第七十四》)

【注释】

①鲊(zhǎ):此处指腌鱼类食品,也泛指腌制品。

②裹(yì)鲊:应是版本刊刻有误,存疑。根据后文可作鱼鲊解。

③鲤鱼:鱼名。身体侧扁,背部苍黑色,腹部黄白色,嘴边有长短须各一对。肉味鲜美。生活在淡水中。

④弥：更加。

⑤讫：完结，终了。

⑥脔（luán）：切成小块的肉。

⑦迮（zé）：压，榨。

⑧糁（sǎn）：煮熟的米粒。

炊秔米饭为糁；饭欲刚，不宜弱；弱则烂鲊。并茱萸、橘皮、好酒^①，于盆中合和之。搅令糁著鱼乃佳。茱萸全用；橘皮细切。并取香气，不求多也。无橘皮，草橘子亦得用。酒辟诸邪，令鲊美而速熟。率：一斗鲊，用酒半升。恶酒不用。

布鱼于瓮子中；一行鱼，一行糁，以满为限。腹腴居上^②。肥则不能久，熟须先食故也。鱼上多与糁。以竹箬交横帖上^③，八重乃止。无箬，菰、芦叶并可用。春冬无叶时，可破苇代之。削竹，插瓮子口内，交横络之。无竹者，用荆也。著屋中。著日中火边者，患臭而不美，寒月，穰厚茹^④，勿令冻也。赤浆出，倾却；白浆出，味酸，便熟。食时，手擘^⑤；刀切则腥。（《齐民要术·卷八作鱼鲊第七十四》）

【注释】

①茱萸：落叶小乔木，开小黄花，果实椭圆形，红色，味酸，可入药。

②腹腴：鱼肚下的肥肉。

③竹箬：即竹箬。叶片巨大，质薄，多用以衬垫茶叶篓或

作各种防雨用品。

④穰（ráng）厚茹：用穰草厚厚地包裹住。穰，泛指黍稷稻麦等植物的秆茎。茹，包，围裹。

⑤手擘：用手掰。

裹鲊

相较于鱼鲊的复杂与漫长，裹鲊的制作工艺显得更为简洁，仅需短短两三日，便可尽享鲜美之味。其独特之处在于，裹鲊的制作过程中，荷叶成为不可或缺的辅料，赋予了腌鱼独特的清新与芬芳。

在制作裹鲊时，鱼肉的处理同样细致入微。首先，将鱼洗净，再撒上适量的盐和糁进行腌制，使鱼肉充分吸收调料的味道。随后，将十块鱼肉精心组合，用荷叶层层包裹，荷叶越厚，越能抵御外界虫害的侵扰，确保鱼肉的纯净与鲜美。裹鲊的制作过程无须繁复地浸水、压榨等工序，只需耐心等待两三日，待荷叶的香气与鱼肉的鲜美相互融合，便可品尝到这道美味的佳肴。荷叶的清香与鱼肉的鲜美相互映衬，使得裹鲊独具风味，令人回味无穷。就连大书法家王羲之也为裹鲊的美味所倾倒，挥毫泼墨，创作了一篇《裹鲊帖》来赞美其美味。《齐民要术》这部古代农业百科全书，也详细记载了多种制作裹鲊的方法，为后人提供了宝贵的参考。

作裹鲊法：脔鱼①。洗讫②，则盐和，糁③。十脔为裹；以荷叶裹之，唯厚为佳。穿破则虫入。不复须水浸镇迮之事。只三二日，便熟，名曰"暴鲊"。荷叶别有一种香，奇相发起，香气又胜凡鲊。有茱萸、橘皮则用，无亦无嫌也。（《齐民要术·卷八作鱼鲊第七十四》）

【注释】

①脔（luán）：切成小块的肉。

②讫：完结，终了。

③糁（sǎn）：煮熟的米粒。

裹鲊味佳①，今致君。所须可示②，勿难。当以语虞令。（《裹鲊帖》）

【注释】

①裹鲊：经过腌制并用荷叶包裹而成的便于贮藏的鱼制品。

②所须可示：如果有需要的话可以告诉我。

《食经》作蒲鲊法：取鲤鱼二尺以上，削①，净治之②。用米三合③，盐二合腌一宿，厚与糁。

作鱼鲊法：剉鱼毕④，便盐腌。一食顷，漉汁令尽⑤，更净洗鱼，与饭裹，不用盐也。

作长沙蒲鲊法：治大鱼⑥，洗令净；厚盐，令鱼不见。四五宿，洗去盐。炊白饭渍清水中，盐饭酿。多饭无苦⑦。

作夏月鱼鲊法：䏑一斗，盐一升八合，精米三升，炊作饭，酒二合，橘皮、姜半合，茱萸二十颗，抑著器中⑧。多少以此为率。

作干鱼鲊法：尤宜春夏。取好干鱼，若烂者不中。截却头尾，暖汤净疏洗，去鳞。讫，复以冷水浸，一宿一易水。数日肉起，漉出，方四寸斩。炊粳米饭为糁，尝，咸淡得所。取生茱萸叶布瓮子底。少取生茱萸子和饭，取香而已，不必多，多则苦。一重鱼，一重饭，饭倍多早熟。手按令坚实。荷叶闭口，无荷叶，取芦叶，无芦叶，干䈽叶亦得。泥封，勿令漏气，置日中⑨。春秋一月，夏二十日便熟。久而弥好⑩。酒食俱入，酥涂火炙特精⑪。脏之⑫，尤美也。（《齐民要术·卷八作鱼鲊第七十四》）

【注释】

①削：刮去鳞。

②净治之：洗净整理好。

③三合：古代容量单位，一合约为今20毫升。

④刹：刮鱼鳞。

⑤漉汁：过滤出的汁水。

⑥治大鱼：要处理大鱼。

⑦多饭无苦：多放米饭也无妨。

食在魏晋　083

⑧抑著：按压着放进去。

⑨置日中：放在中午太阳直照的地方。

⑩久而弥好：时间长点更好。

⑪酥涂：涂抹上油。特精：格外鲜美。

⑫胚：蒸制鱼肉。

烤鱼

魏晋时期的烤鱼技法已经十分成熟，几乎与现代烤鱼方法无异。《齐民要术》中详细记载了酿炙白鱼法，此法选用二尺白鱼为主材，处理时须净其体，但保持腹部完整，仅从背部剖开，以盐调味。再将洗净去骨的鸭肉剁成细末，与醋、腌瓜、鱼酱、葱、姜、橘皮、豉汁等调料混合，巧妙填充于鱼腹之中，腌至入味。随后，便可依照传统烤法烹制，刷上特制酱汁，成就这道烤鱼佳肴。值得一提的是，无论是炙烤还是煎制，鱼身的完整性均被严格遵循，须完整上桌，彰显出古人对食物外形的极致追求。

除了整鱼料理，古人还善于将鱼肉与其他食材结合，用来制作烤鱼饼。制作过程中，需将鱼肉从骨上精细剔下，剁成细腻的肉末，再与猪肉碎、姜、椒、橘皮、盐、豉等调料调和，制成厚薄不一的鱼饼。与此同时，古人尤其注意食材的搭配，避免葱、胡芹等食材的加入，以保持鱼饼的纯净与美观。

酿炙白鱼法①：白鱼，长二尺，净治②。勿破腹。洗之竟③，破背④，以盐之⑤。取肥子鸭一头，洗，治，去骨，细锉⑥。酢一升⑦，瓜菹五合⑧，鱼酱汁三合，姜橘各一合，葱二合，豉汁一合，和，炙之，令熟。合取，从背入著腹中⑨，弗之。如常炙鱼法，微火炙半熟。复以少苦酒⑩，杂鱼酱豉汁，更刷鱼上，便成。（《齐民要术·卷九炙法第八十》）

【注释】

①酿炙白鱼：在白鱼腹中酿馅儿，这种料理方式至今仍在沿用。

②净治：整治洁净。

③洗之竟：全部洗完之后。

④破背：从鱼背部破开。

⑤以盐之：用盐腌渍。

⑥细锉：细细地剁。

⑦酢：醋。

⑧瓜菹：酸味腌瓜。

⑨合取，从背入著腹中：将熟鸭肉馅儿从鱼背填入鱼腹中。

⑩苦酒：即醋。

食在魏晋　　085

炙鱼：用小鲩、白鱼最胜。浑用①。鳞、治②，刀细谨③。无小，用大为方寸准，不谨。姜、橘、椒、葱、胡芹、小蒜、苏、樱④，细切锻⑤。盐、豉、酢，和以渍鱼。可经宿。炙时，以杂香菜汁灌之。燥，复与之。熟而止。色赤则好。双奠⑥，不惟用一。（《齐民要术·卷九炙法第八十》）

【注释】

①浑用：用整条的鱼。

②鳞、治：把鱼鳞清理干净。

③刀细谨：用刀在鱼上划细道，方便入味。

④樱：食茱萸，落叶乔木，枝上多有刺，羽状复叶，果实球形，成熟时红色，可以入药。

⑤细切锻：切成碎末。

⑥双奠：每盘盛两条或两块鱼。

蜜纯煎鱼法：用鲫鱼，治腹中①，不鳞②。苦酒、蜜，中半，和盐渍鱼；一炊久，漉出③。膏油熬之④，令赤。浑奠焉⑤。（《齐民要术·卷八脏、腤、煎、消法第七十八》）

【注释】

①治腹中：把鱼腹内处理干净。

②不鳞：不用去鳞。

③漉出：捞出来。

④膏油：猪油。

⑤浑奠：整条端上桌。

作饼炙法①：取好白鱼，净治②，除骨取肉，琢得三升③。熟猪肉肥者一升，细琢④，酢五合，葱、瓜菹各二合⑤，姜、橘皮各半合，鱼酱汁三合，看咸淡、多少，盐之，适口取足。作饼如升盏大⑥，厚五分，熟油微火煎之，色赤便熟，可食。一本：用椒十枚，作屑，和之⑦。（《齐民要术·卷九炙法第八十》）

【注释】

①饼炙：一种烤鱼饼类的料理。

②净治：整治洁净。

③琢得三升：剁后取三升（鱼肉馅儿）。

④细琢：仔细地剁成末。

⑤瓜菹：腌渍的酸瓜。

⑥如升盏大：鱼肉饼要像升或酒盏那样大。

⑦用椒十枚，作屑，和之：另一个版本的《食经》记载，鱼饼馅儿内要放十粒花椒，研末加入。

饼炙：用生鱼①；白鱼最好，鮊、鳢不中用。下鱼片离脊肋②：仰椸几上③，手按大头，以钝刀向尾割取肉，至皮即止④。净洗。臼中熟舂之⑤。勿令蒜气⑥！与姜、椒、橘皮、盐、豉，和。以竹木作圆范⑦，格四寸⑧，面油涂。绢藉之⑨，绢从格上下以装之，按令均平。手捉绢，倒饼膏油中煎之。出铛⑩，及热置桙上⑪；

碗子底按之令㘥⑫。将奠⑬,翻仰之。若碗子奠,仰与碗子相应。又云:用白肉生鱼,等分,细斫,熬,和如上。手团作饼,膏油煎如作鸡子饼⑭。十字解,奠之⑮;还令相就如全奠⑯。小者二寸半,奠二。葱、胡芹,生物不得用!用则班⑰;可增。众物若是先停此。若无,亦可用此物助诸物。(《齐民要术·卷九炙法第八十》)

【注释】

①生鱼:指活鱼。

②下鱼片:切割鱼片的方法。离脊肋:从脊骨处将鱼肉割下来。

③仰枂几上:鱼肉朝上置于案板之上。枂,案板。

④至皮即止:直到肉与皮全脱离为止。

⑤臼:舂米的器具,用石头或木头制成,中间凹下。舂:把东西放在石臼或乳钵里捣掉皮壳或捣碎。

⑥蒜气:这里指不要有刺激性的气味。

⑦圆范:用竹子做的圆形的模具。

⑧格四寸:每格直径四寸。

⑨藉(jiè):垫着。

⑩铛:烙饼或做菜用的平底浅锅。

⑪柈:盛物之器。通"盘",盘子。

⑫碗子底按之令㘥:用盘子底按压一下使其凹陷下去。

⑬将奠:将要盛上席的时候。

⑭如作鸡子饼：像煎荷包蛋那样。

⑮十字解，奠之：十字切开盛上席。

⑯还令相就如全奠：还要保持鱼饼原形来盛上席。

⑰用则班：用了则显得杂乱不好看。

蒸鱼

千百年来，蒸鱼这道佳肴始终保持着其独特的魅力，时常出现在人们的餐桌上。回溯至魏晋时期，它更是文人墨客钟爱的美食。在食材的选择上，新鲜是首要条件。除了鲇、鳢这两种特殊的鱼类外，只要是鲜活的鱼儿，都是蒸制的不二之选。蒸鱼时，无须烦琐地刮去鱼鳞，只需用清水洗净，便可保留其天然的鲜美。而在调味上，则需根据季节的变化进行微调。夏日炎炎，宜多放些盐以提味；而在春、秋、冬三季，则只需适量即可。若是制作浥鱼，还需提前腌渍，这样蒸出的鱼肉更加鲜美，令人垂涎欲滴。至于裹蒸生鱼，则是另一种独特的烹饪方式。将鲜鱼放入竹箬之中，再佐以各种调味料，蒸煮而成。整条上桌，既保留了鱼肉的鲜嫩，又融入了调料的醇香，令人回味无穷。蒸鱼，不仅是一道佳肴，更是一种文化的传承。它承载着古人对美食的追求与热爱，也展现了我们对食材的尊重与珍视。

作浥鱼法：四时皆得作之。凡生鱼，悉中用①；唯除鲇鳠②耳。去直鳃③，破腹，作䏠④。净疏洗，不须鳞⑤。夏月特须多著盐⑥；春秋及冬，调适而已，亦须倚咸⑦。两两相合⑧。冬直积置⑨，以席覆之；夏须瓮盛泥封，勿令蝇蛆。瓮须钻底数孔，拔，引去腥汁，汁尽还塞。肉红赤色，便熟。食时，洗却盐⑩。煮、蒸、炮任意⑪，美于常鱼。作鲊、酱、爊、煎，悉得⑫。（《齐民要术·卷八脯腊第七十五》）

【注释】

①凡生鱼，悉中用：凡活鱼都可以用。中用，可以用，今河南话中仍有此语词。

②鲇：一种无鳞食用鱼。鳠：体细而长，灰褐色，有黑色斑点，无鳞，口部有四对须，生活在淡水中。

③去直鳃：只要去掉腮。

④䏠（pī）：剖开的鱼片。

⑤不须鳞：不必去鳞。

⑥夏月特须多著盐：夏天特别要多放盐。

⑦亦须倚咸：也须偏咸。

⑧两两相合：两扇合一起。此指破腹剖成片的鱼放盐后，每两片合一起。

⑨冬直积置：每逢冬天存放。冬直，即"值冬"。

⑩食时，洗却盐：吃时洗去盐。

⑪炮：用物包裹，灰火埋烤。

⑫作鲊、酱、爊、煎，悉得：做腌鱼、鱼酱、煨鱼、油煎鱼都行。

"裹蒸生鱼：方七寸准（又云：五寸准）。豉汁煮，秫米①，如蒸熊，生姜、橘皮、胡芹、小蒜、盐，细切，熬糁。""膏油涂箬，十字裹之。糁在上，复以糁，屈牖②，簪③。"又云："盐和糁，上下与细切生姜、橘皮、葱白、胡芹、小蒜。置上，簪箬蒸之④。既奠⑤，开箬，襵边奠上。"（《齐民要术·卷八蒸缹法第七十七》）

【注释】

①秫（shú）米：高粱米粒，我国南北各地均有栽培，具有祛风除湿、和胃安神、解毒敛疮之功效。

②复以糁，屈牖：再用米粒盖住开口的地方。牖，原指窗户，这里指开口。

③簪（zān）：原指缝衣针，这里指把开口封住。

④箬：一种竹子，叶大而宽，可编竹笠，又可用来包粽子。

⑤既奠：等到开席。

毛蒸鱼菜：白鱼、鲩鱼最上。净治，不去鳞。一尺已还，浑①。盐、豉、胡芹②、小蒜，细切，著鱼中③，与菜并蒸④。

又鱼方寸准⑤（亦云五六寸），下盐豉汁中⑥，即出⑦；菜上蒸之⑧。奠，亦菜上蒸。又云："竹篮盛鱼，菜上。"又云："竹蒸，并奠⑨。"（《齐民要术·卷八蒸缹法第七十七》）

【注释】

①浑：整条烹饪。

②胡芹：一种调味料，可以增加鱼的鲜味。

③著鱼中：（将盐、豉等调料）放入鱼腹中。

④与菜并蒸：同菜一起蒸。

⑤鱼方寸准：鱼以选一寸长的为好。

⑥下盐豉汁中：（将鱼）下入盐、豉汁中。

⑦即出：（浸一下）就拿出来。

⑧菜上蒸之：（将鱼放在）菜上蒸好。

⑨竹蒸，并奠：用竹篮蒸，也用竹篮盛。

纯胚鱼法①：一名"缹鱼"。用鲩鱼，治腹里，去腮不去鳞。以咸豉、葱白、姜、橘皮、酢。细切合煮②；沸，乃浑下鱼③。葱白浑用。又云："下鱼中煮沸，与豉汁、浑葱白；将熟下酢。"又云："切生姜，令长。奠时，葱在上，大奠一，小奠二④。若大鱼成治，准此。"（《齐民要术·卷八胚、腤、煎、消法第七十八》）

【注释】

①纯胚鱼法：一种料理鱼的方式，先腌制，再进行煮制。

②合煮:放到一起煮。

③乃浑下鱼:把鱼整条放进锅里煮。

④大奠一,小奠二:这里指上菜时,如果鱼大就盛一条,鱼小就盛两条。

其他水产

魏晋年间,饮食风尚繁荣,除了常见的鱼蟹美味,海参、蚌、蚶、蛎、车螯等水产品亦纷纷登上餐桌,其中尤以贝类为多。对于此类食材,人们的处理方式尚显简朴,大多直接撬开烤食,而在调味方面亦颇为随意,重在保留其原汁原味。尽管手法简单,但魏晋人已深知火候之重要。火候过久,则贝肉干涩;火候不足,则腥味未去。唯有火候适中,方能烤出鲜美汁水,此时便可端上桌,让食客们细细品味。这般简单而又精妙的处理方式,不仅展现了魏晋人对食材的珍视,更彰显了他们对美食的独特见解和追求。

土肉正黑①,如小儿臂大,长五寸②,中有腹,无口目,有三十足,炙食。(《临海水土异物志》)

【注释】

①土肉:海参。

②长五寸：长12厘米。三国时一尺约为今24厘米。

似蚌①，长二寸，广五寸，上大下小。其壳中柱炙之，味似酒。(《临海水土异物志》)

【注释】

①蚌：生活在淡水里的一种软体动物，介壳长圆形，表面黑褐色，壳内有珍珠层，有的可以产出珍珠。

炙蚶①：铁锸上炙之②。汁出，去半壳③，以小铜桦奠之④。大奠六，小奠八；仰奠⑤。别奠酢随之。

炙蛎⑥：似炙蚶。汁出，去半壳，三肉共奠。如蚶，别奠酢随之。

炙车熬⑦：炙如蛎。汁出，去半壳，去屎，三肉一壳。与姜、橘屑，重炙令暖。仰奠四；酢随之。勿太熟，则肕⑧。(《齐民要术·卷九炙法第八十》)

【注释】

①蚶：软体动物，介壳厚而坚实，生活在浅海泥沙中。肉可食，味鲜美。亦称"魁蛤"。

②铁锸(yè)：铁锅一类的器具。

③半壳：去掉一半壳。

④铜桦：铜制的盘子。

⑤仰奠：朝上盛放。

⑥蛎：软体动物，有两壳，左壳大，凹陷，右壳较平，生活在浅海泥沙中。肉可食，味鲜美，亦能提制蚝油。壳烧成灰可入药。亦称"蚝""海蛎子"。

⑦车熬："熬"应作"螯"，蛤的一种。璀璨如玉，有斑点。肉可食。肉壳皆入药。自古即为海味珍品。

⑧肕：古同"韧"，柔韧，结实。

五味调和的宫廷羹汤

莼羹

《齐民要术》中详尽记载了食脍鱼莼羹之制法，使千百年后的我们得以窥见这道千年佳肴之真容。尤为有趣的是，莼羹之主要原料——莼菜，并非一成不变，而是随季节更迭，选用不同种类的莼菜，为这道佳肴增添了几分自然的野趣。若当季无适宜之莼菜，则以芜菁或芮菘代之，亦能成美味。在制作过程中，鱼和莼菜皆需冷水下锅，待水煮沸后，轻轻捞出渣滓，留下的汤液须得静置，避免搅拌，以免鱼肉松散。待汤煮沸三次，便可佐以调料享用。至此，这道鲜美的食脍鱼莼羹便制作完成了。其中蕴含的古人的智慧和匠心，让今人赞叹不已。

食脍鱼莼羹：芼羹之菜①，莼为第一②。四月，莼生茎而未叶，名作"雉尾莼"，第一肥美。叶舒长足，名曰"丝莼"。五月六月用。丝莼：入七月尽，九月十月内，不中食；莼有蜗虫著故也③。虫甚微细，与莼一体，不可识别，食之损人④。十月，水冻虫死，莼还可食。从十月尽至三月，皆食"瑰莼"。瑰莼者，根上头，丝莼下茇也。丝莼既死，上有根茇⑤；形似珊瑚。一寸许，肥滑处，任用；深取即苦涩⑥。

凡丝莼，陂池种者⑦，色黄肥好，直净洗则用。野取⑧，色青，须别铛中热汤暂煠之⑨，然后用；不则苦涩。丝莼瑰莼，悉长用，不切。鱼莼等并冷水下。

若无莼者，春中可用芜菁英⑩，秋夏可畦种芮、菘、芜菁叶，冬用荠菜以芼之⑪。芜菁等，宜待沸，接去上沫，然后下之。皆少著，不用多；多则失羹味，干芜菁无味，不中用。豉汁，于别铛中汤煮，一沸，漉出滓⑫，澄而用之，勿以杓捉⑬！捉则羹浊，过不清。煮豉，但作新琥珀色而已⑭，勿令过黑；黑则蠚齸苦⑮。

唯莼芼，而不得著葱、䪥及米糁、菹⑯、醋等。莼尤不宜咸。羹熟即下清冷水。大率羹一斗，用水一升；多则加之，益羹清隽。甜羹下菜、豉、盐，悉不得搅；搅则鱼莼碎，令羹浊而不能好。

《食经》曰："莼羹，鱼长二寸。唯莼不切。鳢鱼，冷水入莼；白鱼，冷水入莼，沸入鱼与咸豉。"又云："鱼长三寸，广二寸半。"又云："莼细择⑰，以汤沙之。""中破鳢鱼，邪截令薄⑱，准广二寸，横尽也，鱼半体。煮三沸，浑下莼。与豉汁渍盐。"（《齐民要术·卷八羹臛法第七十六》）

【注释】

①芼羹：用莼菜和肉做成的羹。

②莼：多年生水草，浮在水面，叶子椭圆形，开暗红色花。茎和叶背面都有黏液，可食。

③蜗虫：即蜗牛。

④损人：有损身体健康。

⑤根荄：植物的根部。

⑥深取：取用过多。

⑦陂池：池沼，池塘。

⑧野取：从野外采摘。

⑨铛：烙饼或做菜用的平底浅锅。煠（zhá）：食物放入油或汤中，待沸而出称煠。

⑩芜菁英：二年生草本植物，块根肉质，扁球形或长形，可食。

⑪荠菜：荠菜的叶子。

⑫漉：过滤。

⑬杓抳：用勺子搅拌研磨。

⑭琥珀色：同寻常琥珀的颜色，介于黄色和咖啡色之间。一系列淡黄色与棕色。

⑮醝盬（cuó gàn）：咸苦之味。

⑯菹：酸菜，腌菜。

⑰细择：精心地挑选采摘。

⑱邪截：将鱼斜着切成片。

酸羹

酸羹的烹饪技法，与今日的红烧肉在技法上颇为相似，尽管其名曰"酸羹"，但实则其中不可或缺的一味调料，乃是糖。这名字的由来，或许是在漫长的菜谱流传中，因地域口味的差异而发生了微妙的转变。贾思勰在其著作中特意提及旧法中用糖的原因，便是对这一变迁的注解。

当制作猪蹄酸羹时，首要步骤是将猪蹄煮至骨肉分离，软烂入味。随后，再加入葱的清香、醋的酸爽、盐的咸鲜以及糖的甜润，共同调和出层次丰富的口感。而在烹制普通的酸羹时，则以羊肠为主料，佐以瓠叶的嫩绿、葱头的辛辣、小蒜的芬芳、生姜的辛辣与橘皮的清新，每一种调料都为其增添了独特的风味。值得一提的是，无论是猪蹄酸羹还是普通酸羹，其烹饪过程中均需加入六斤的糖浆进行熬制，这足见糖在此道菜中的重要地位。如此大量的糖，不仅增添了酸羹的甜度，更在与其他调料的交融中，形成了别具一格的美味。

酸羹：用羊肠二具、饧六斤、瓠叶六斤①、葱头二斤、小蒜三升、面三升；豉汁、生姜、橘皮，口调之。(《齐民要术·卷八羹臛法第七十六》)

【注释】

①瓠叶：瓠瓜的叶。古人用作菜食和享祭。

胡麻羹

　　胡麻，就是我们今日食用的芝麻的古称，承载着厚重的历史与文化。据战国及秦汉时期的医药学家所著的《神农本草经》记载："胡麻一名巨胜，生上党川泽，秋采之。青，巨胜苗也。生中原川谷。"除了作为养生佳品，胡麻独特的香气更是让人为之倾倒，欲罢不能。谈及胡麻羹，这道菜的制作需用到一斗胡麻，换算成如今的计量方式，大约是十斤芝麻。其制作工艺极为讲究，首先将胡麻捣碎煮熟，细细研磨，直至榨取出约三升的醇厚胡麻汁。随后，加入葱头的辛辣与米的绵软，缓缓熬制。在这个过程中，三升的胡麻汁逐渐浓缩至两升半，每一滴都凝聚了时间与匠心。最终，一道香气四溢、口感滑嫩的胡麻羹便呈现在眼前，令人垂涎欲滴。

作胡麻羹法：用胡麻一斗①，捣，煮令熟，研取汁三升。葱头二升，米二合，著火上。葱头米熟，得二升半在。(《齐民要术·卷八羹臛法第七十六》)

【注释】

①胡麻：即"芝麻"。东印度群岛的一种一年生、直立草本植物，其花主要为蔷薇红色或白色。亦称"芝麻""脂麻"。

鸡羹

烹饪一道美味又养生的鸡羹，其制作过程虽简洁却不失雅致。首先，精心挑选一只体态丰盈的鸡，将其骨肉拆解分离，确保每一部分都得以充分利用。将鸡肉与鸡骨一同放入锅中，轻煮慢炖，让鸡肉的鲜香与鸡骨的醇厚充分融合。待鸡肉煮至软糯，捞出鸡骨，留下浓郁的鸡汤与鲜嫩的鸡肉。接着，将葱头与红枣加入锅中，与鸡肉一同再次煮制。此时，锅中的香气愈发四溢，令人垂涎。在时间的催化下，葱头与红枣的精华缓缓渗出，与鸡汤、鸡肉相互渗透，形成一道色香味俱佳的佳肴。最终，一道美味又养生的鸡羹便完成了，每一口都蕴含着鸡肉的鲜美、葱头的辛香和红枣的甜润，令人回味无穷。

作鸡羹法：鸡一头，解，骨肉相离。切肉，琢骨[1]，煮使熟。漉去骨。以葱头二升，枣三十枚，合煮羹一斗五升。(《齐民要术·羹臛法第七十六》)

【注释】

[1]琢骨：剔掉骨头。

笋𦰡鸭羹

笋𦰡鸭羹，这道佳肴的灵魂所在，无疑是腌笋与鸭肉之间的绝妙交融。据《广韵》所记，"笋，笋菹，出南中"，而此处用以烹制鸭羹的笋，正是那经过时光沉淀的酸笋。

首先，将取出的酸笋仔细洗净，再置于沸腾的水中，让那特有的酸味随着水波荡漾开来。随后，捞出酸笋，再次用清水洗去多余的酸味。清洗过的腌笋与蒜瓣、葱段、豉汁一同放入锅中，再加入早已准备好的鸭羹。当火候恰到好处时，锅中的食材便开始相互交织，释放出令人陶醉的香气。随着煮沸的声音，笋鸭羹的鲜美便逐渐弥漫开来。

作笋𦰡鸭羹法[1]：肥鸭一只，净治如糁羹法[2]；肉亦如此。𦰡四升[2]，洗令极净；盐尽，别水煮数沸，出之，更洗。小蒜白及葱白、豉汁等下之。令沸，便熟也。(《齐民要术·卷八羹臛法第七十六》)。

【注释】

①箈(gě)：这里指腌过的笋。

②净治：清理干净。

醋菹鹅鸭羹①：方寸准②。熬之，与豉汁米汁。细切醋菹与之③；下盐。半奠④。不醋⑤，与菹汁⑥。(《齐民要术·卷八羹臛法第七十六》)

【注释】

①菹：酸菜，腌菜。

②方寸准：将鹅鸭肉切成一寸见方的块。

③与之：加入。

④半奠：盛半碗。

⑤不醋：不酸。

⑥与菹汁：加入酸泡菜的汤。

芋头酸羹

芋头原生于南方水乡，其软糯之味与南方的精致饮食相得益彰。然而，南方人对羊肉的喜好并不如北方浓郁，因此，当这道菜传入北魏之时，必然经历了口味的微妙调整，以适应当地人的味蕾。烹饪时，猪肉与羊肉被巧妙地与米一同炖煮，直至肉质鲜嫩、米香四溢，备用一旁。而芋头，则需精心处理，洗净后单独蒸煮，以保持其原生的甘甜与绵密。这样的烹饪方式，不仅保留了食材的本味，更使得整道菜品在口感上层次丰富、回味无穷。当所有食材准备就绪，便可加入各种调味料进行最后的煮制。此时的调味，既是技艺的展示，也是味觉的挑战。值得一提的是，在这篇菜谱中，各类食材的用料均有固定的标准，这种严格量化的形式在当时并不多见。这不仅体现了烹饪者对食材的精准把握，更展现了对菜品口感的极致追求。这种严谨与精细，正是这道菜得以流传至今的精髓所在。

《食经》作芋子酸臐法[①]：猪羊肉各一斤，水一斗，煮令熟。成治芋子一升[②]，别蒸之[③]。葱白一升，著肉中合煮[④]，使熟。粳米三合，盐一合，豉汁一升，苦酒五合，口调其味[⑤]，生姜十两，得臐一斗。（《齐民要术·卷八羹臐法第七十六》）

【注释】

①芋子酸臐：用芋头加猪肉、羊肉制作而成的酸羹。

②成治：指处理干净的芋头。

③别蒸之：单独进行蒸制。

④著肉中合煮：(将蒸好的芋子)同肉一起煮。

⑤口调其味：尝过味道后适当进行调整。

血肠羹

这道别具一格的料理，融合了猪肠的醇厚与猪血的鲜嫩，却并非我们常见的血肠。在这道菜中，猪肠与猪血各自独立，却又在盘中和谐共存，其制作之精细，堪称一绝。首先将猪肠精心过水，去除杂质，再切成三寸长的段，进而细细切丝。接着，将葱、姜、椒、胡芹、小蒜等材料切碎，放入精致的容器中，像是在为接下来的盛宴做着精心的铺垫。此时，生血缓缓注入，与各种香料交织在一起，仿佛为这道菜注入了灵魂。火候的掌握至关重要，猪血的注入时机须恰到好处，过早则血会膨胀变大，影响口感。待其煮熟，一碗色香味俱佳的血肠羹便诞生了。

脸䐄[①]：用猪肠。经汤出[②]，三寸断之[③]，决破，切细，熬。与水，沸，下豉清，破米汁。葱、姜、椒、胡芹、小蒜、芥，并细切锻[④]，下盐、醋、蒜子，细切。将血奠与之[⑤]。早与血，则变大，可增米奠[⑥]。(《齐民要术·卷八羹臛法第七十六》)

【注释】

①脸臅(chǎn)：将生血加到有酸味的肉汤中煮成的羹。

②经汤出：(猪肠)过沸水捞出。

③三寸断之：(每隔)三寸一断。

④并细切锻：一并细切为末。

⑤将血羹与之：放入血一同盛上。

⑥早与血，则变大，可增米羹：如果血加入得过早，菜就会膨胀变大。

宫廷瓠叶羹

瓠叶，作为葫芦之变种瓠的嫩叶，不仅拥有自然的甘甜，更在《本草纲目》中得到了李时珍的盛赞，是可以充饥的食用蔬菜。回溯至《诗经·小雅·瓠叶》中的描述，"幡幡瓠叶，采之亨之"，其叶片早在西周时期已是贵族待客的佳肴之选。《齐民要术》中记录瓠叶羹的做法，不仅将原料精准量化，更展现了古人对食材比例的独到见解。主料瓠叶五斤，佐以羊肉三斤熬制的醇厚汤汁，再辅以二升葱花与五合盐调味，每一味都恰到好处，相得益彰。

作瓠叶羹法：用瓠叶五斤，羊肉三斤①，葱二升，盐蚁五合②，

口调其味。(《齐民要术·卷八羹臐法第七十六》)

【注释】

①羊肉三斤：此处未言羊肉的加工，按羹的一般制法，羊肉应用白煮的方法取汤。

②盐蚁：指未过滤的豆豉。

琳琅满目的人间至味

甘旨肥浓的魏晋名菜

奥肉

这是一道极具匠心的荤肴,其精髓在于选用隔年猪。此类猪肉肉质既非过于干柴,又非轻易煮烂,恰恰适宜奥肉的烹饪之道。为了制作这道佳肴,猪需被精心饲养至肥硕,腊月之际宰杀,此时其脂肪最为饱满,为奥肉注入了无与伦比的醇厚风味。

在处理猪肉时,匠人们遵循着古老的传统:先用滚水轻拂猪身,去除毛发;接着以火烤炙猪皮,使其微黄,既去除了表面的杂质,又赋予了独特的香气。随后,他们细心地掏出内脏,确保猪肉的纯净。这种处理手法,至今仍被保留下来。处理完毕后,匠人们将肥膘炼制成香醇的猪油,而剩余的猪肉则被切成连皮带肉、六七寸见方的小块。在锅中加入适量的水,让水刚好没过食材,随后慢火熬煮。待锅中水分渐渐蒸发,再加入新炼制的猪油、醇香的酒和适量的盐,继续小火慢焗。这样的烹饪方式,让猪肉的表皮变得酥脆,而内部则饱含了丰富的肉汁,口感层次丰富,令人回味无穷。

作奥肉法:先养宿猪令肥①。腊月中杀之。䑋讫②,以火烧之令黄③;用暖水梳洗之,削刮令净。刳去五藏④。猪肪煼取脂⑤。肉脔⑥,方五六寸作⑦;令皮肉相兼。著水令相淹渍⑧,于釜中燸之⑨。

肉熟水气尽,更以向所煼肪膏煮肉⑩。大率:脂一升,酒二升,盐三升,令脂没肉。缓水煮半日许,乃佳。漉出瓮中⑪。余膏仍写肉瓮中,令相淹渍。食时,水煮令熟,而调和之,如常肉法。尤宜新韭。新韭烂拌。亦中炙。其二岁猪,肉未坚,烂坏,不任作也⑫。(《齐民要术·卷九作腑、奥、糟、苞第八十一》)

【注释】

①宿猪:圈养一年以上的猪。

②䑋讫:用开水烫掉猪毛。

③以火烧之令黄:用火把皮燎黄。

④刳(kū)去五藏:掏出内脏。刳,从中间破开再挖空。

⑤猪肪煼(chǎo)取脂:把猪油熬出来留用。煼,熬;炒。

⑥肉脔(jī):把肉切成小块。

⑦方五六寸作:将肉切成五六寸见方的块儿。

⑧著水令相淹渍:放水把肉块浸透。

⑨于釜中�之：（将肉块）放入锅中翻炒。
⑩更以向所�肪膏煮肉：将肉块放入炼出的猪油中熬煮。
⑪漉出瓮中：捞出肉块放入瓮中。
⑫烂坏，不任作也：如果肉太嫩一煮就烂的话不适合做这个菜。

猪肉鲊

在古老的魏晋时代，鲊是一种广泛流行的盐腌美食，类似于我们今日所品尝的咸菜。人们善于运用这一技艺，将各类食材转化为风味独特的鲊品，如鱼鲊、猪肉鲊、鲊菜等，这些佳肴的腌制工艺已然炉火纯青。而猪肉鲊的制作，更是体现了古人对食材的独到见解和匠心独运。选用肥美的猪肉，经过精心的清洗和处理，随后在水中三次煮熟，直至肉质软嫩，捞出沥干。接着，将猪肉切成均匀的小块，按照腌鱼的古老方法，一层层地铺入容器中，每层猪肉间夹杂着糁料，犹如层层叠起的宝塔，蕴含着丰富的风味。随后，用细腻的泥土将容器密封，置于阳光直射之处，一个月后，当猪肉鲊熟成，打开容器，一股浓郁的香气扑鼻而来，让人垂涎欲滴。食用时，可根据个人口味，搭配葱、姜、蒜等作料，让猪肉鲊的口感更加丰富多样。这份菜谱不仅展现了古人对食材的深刻理解,更彰显了他们对饮食文化的热爱与智慧。煮熟的米作为密封发酵的媒介,被灵活地运用到各种食材上,成为中国古代饮食文化中不可或缺的一部分,流传至今,依然让人回味无穷。

作猪肉鲊法①:用猪肥豵肉②,净燖治讫③,剔去骨,作条,广五寸。三易水煮之④,令熟为佳;勿令太烂。熟,出。待干,切如鲊脔⑤,片之皆令带皮⑥。炊粳米饭为糁⑦,以茱萸子白盐调和。布置一如鱼鲊法。糁欲倍多,令早熟。泥封,置日中⑧,一月熟。蒜齑姜酢⑨,任意所便。胜之,尤美,炙之,珍好。(《齐民要术·卷八作鱼鲊第七十四》)

【注释】

①猪肉鲊:盐腌猪肉。

②猪肥豵(zōng):小肥猪。豵,小猪。

③燖(xún):古时在热汤里煮至半熟用于祭祀的肉。治讫:处理干净。

④三易水煮之:换三次水煮。

⑤切如鲊脔:切成像做腌鱼的小块儿。

⑥片之皆令带皮:每片都要带皮。

⑦粳米:粳稻碾出的米。

⑧置日中:放在中午太阳直照的地方。

⑨齑(jī)：捣碎的姜、蒜、韭菜等，这里指蒜末儿。

米蒸肉

在《齐民要术》这部古代农业与烹饪的瑰宝中，有一道菜肴名为"悬熟"，它实际上是以猪肉与黏高粱米为主角的米蒸肉。至于这别致的名称"悬熟"背后的深意，至今仍是一个未解之谜。书中记录的悬熟制作过程清晰而简单，首先，精选十斤去皮猪肉，细切成块，随后加入葱白、生姜、橘皮等调料，为这道菜肴注入清新的香气。黏高粱米和豉汁的加入，不仅丰富了口感，更增添了几分独特的风味。这份菜谱中食材的用量之精确，以及橘皮这一南方特有的调料的使用，为悬熟平添几分历史的厚重感，也让人不禁想象起那遥远的时代，宫廷中美食的繁华与精致。

作悬熟法①：猪肉十斤去皮，切脔②。葱白一升，生姜五合，橘皮二叶，秫三升③，豉汁五合，调味。若蒸七斗米顷④，下⑤。（《齐民要术·卷八蒸缹法第七十七》）

【注释】

①悬熟：古代一种米蒸肉，不知为何这道菜叫作悬熟，尚未找到出处。笔者猜测可能是需要隔水蒸熟，看似悬在半空，

故用悬熟来命名。

②切脔：切成小块。

③秫（shú）：黏高粱，可以做烧酒，有的地区泛指高粱。

④若蒸七斗米顷：像蒸七斗米所用的时间。

⑤下：将肉从锅中取下来。

蒸猪头

《齐民要术》中的这份蒸猪头菜谱，不仅是传世文献中最早关于蒸猪头的文字记载，更是中国古代先民生活智慧的结晶。其制作过程精妙绝伦，每一步都蕴含着对食材的敬畏与对美味的追求。首先，剔除猪骨，只取肉质最嫩的猪头肉。将肉放入沸水中煮熟，捞出后细心切片，再放入清水中洗净多余的油脂与杂质。此时的猪头肉已初步去除了腥味，为后续的烹饪打下了坚实的基础。接着将清洗干净的猪头肉片放入蒸锅中，加入清酒、盐等调料进行蒸制。待猪头肉蒸熟后，撒上干姜面、花椒面，这两种辛辣刺激的干料不仅能够激发猪头肉的香味，更能使其口感层次丰富，回味无穷。此时，这道蒸猪头便可出锅上桌，其肉质鲜嫩多汁，味道醇厚，让人食欲大开。

猪头肉相较于猪的其他部位，其味道更为浓烈，因此在食材处理上须格外谨慎。然而，正是这份谨慎与用心，才使得这道蒸猪头能够流传至今，成为一道经典的美食佳肴。其制作方法与现代无异，却蕴含着古代先民的智慧与创意，让人不禁为之赞叹。

蒸猪头法：取生猪头，去其骨；煮一沸，刀细切①，水中治之②。以清酒③、盐、肉蒸④。皆口调和⑤。熟，以干姜椒著上⑥，食之。（《齐民要术·卷八蒸缹法第七十七》）

【注释】

①刀细切：用刀将煮过的猪肉切细。

②水中治之：（将切过的猪头肉）放入水中清洗干净。

③清酒：古代指祭祀用的陈酒。

④肉蒸：此处"肉"字有可能是误写。

⑤皆口调和：都要用口尝的方法来调和肉的味道。

⑥以干姜椒著上：将干姜面、花椒面撒在肉上。

腤白肉与腤鱼

在古代，有一种独特的烹饪技艺，名为"腤"，它巧妙地将盐、豉、葱等作料与肉或鱼交织，以煮的方式呈现出食材的鲜美。欲制作腤白肉，首要步骤便是将肉煮至将熟，此时的肉质既保持了嫩滑，又蕴含了丰富的肉香。随后,将肉切成薄片,宛如白玉般晶莹剔透。接着,将葱白、小蒜、盐、豉清、薤叶等作料轻轻撒入,与肉片一同慢煮,作料的香味缓缓渗透,与肉质的鲜美相互交融。此法的妙处在于,用料多少并无定式,全凭厨师的巧手与心意。同样的方法,亦可用于料理鱼肉,特别是整条鲫鱼,更能展现其原始的海鲜风味。如此,经过腤技艺的烹煮,猪肉与鱼肉都仿佛被赋予了生命,它们的美味与香气交织在一起,仿佛在诉说着古人的烹饪智慧与对食材的尊重。

腤白肉[①]:一名"白䭈肉"[②]。盐豉煮,令向熟[③]。薄切,长二寸半,广一寸。准甚薄。下新水中,与浑葱白[④]、小蒜、盐、豉清,又薤叶[⑤],切长二寸。与葱、姜,不与小蒜、薤,亦可。

腤猪法:一名"䭈猪肉",一名"猪肉盐豉"。一如䭈白肉之法。(《齐民要术·卷八脏、腤、煎、消法第七十八》)

【注释】

①腤(ān):古代烹调法,把盐、豉、葱等与肉或鱼一起煮。

②䭈(fǒu):煮。

③令向熟:将肉煮到将熟。

④与浑葱白:放入整根葱白。

⑤薤(xiè)叶:百合科,多年生草本,鳞茎作蔬菜,常用来制作酱菜。又称藠(jiào)头。

脂鱼法：用鲫鱼，浑用①；软体鱼不用。鳞治②。刀细切葱，与豉、葱俱下。葱长四寸。将熟，细切姜、胡芹、小蒜与之。汁色欲黑。无酢者，不用椒。若大鱼，方寸准得用。软体之鱼、大鱼不好也。(《齐民要术·卷八胚、脂、煎、消法第七十八》)

【注释】

①浑用：整条使用。

②鳞治：刮净鱼鳞。

焦猪

这道菜，与蒸乳猪、脂白肉有着异曲同工之妙，均以蒸、煮为主，却又别出心裁。其独特之处在于，这道菜更多地运用了豉汁与酱清，再搭配稻米的清香，使得整道菜在咸香之间更添一丝适口的绵密。制作焦猪，首选十五斤肥瘦均匀的猪肉。将其置于锅中，加水、酒，文火慢煮，直至肉质软嫩。煮好的猪肉撕成均匀的薄片，静待备用。此时，稻米洗净，加入姜、橘皮、葱白、豉汁、酱清等作料，与猪肉一同放入蒸笼，让蒸气缓缓渗透，使两者的味道相互交融。《齐民要术》中还记载了一种更为精细的焦猪肉制作方法，此法更强调对猪肉的处理，不必特意选用肥猪，只需将猪肉处理干净，放入大锅中熬煮。在熬煮的过程中，需不断撇去浮在表面的油脂，同时加入酒、葱等调味料，以去除猪肉的腥臊气。待肉质熟软后，可搭配冬瓜等清爽的蔬菜一同食用，既解腻又增香。这样的焦猪肉，无论吃多少都不会感到油腻，反而让人回味无穷。而收集起来的猪油，更是日后烹饪的宝贵材料。

焦豚法：肥豚一头，十五斤；水，三斗；甘酒①，三升。合煮，令熟；漉出②，擘之③。用稻米四升，炊一装④，姜一升，橘皮二叶，葱白三升，豉汁涑饙作糁⑤。令用酱清调味⑥，蒸之。炊一石米顷⑦，下之也。（《齐民要术·卷八蒸焦法第七十七》）

【注释】

①甘酒：好酒。

②漉出：捞出。

③擘之：撕开。

④炊一装：蒸一次。

⑤涑饙（sù fēn）：把豉汁淋在半熟的米饭上。

⑥酱清：从豆酱中提取的汁，类似今天的酱油。

⑦炊一石米顷：蒸一石米的工夫。

焦猪肉法：净燖猪讫①，更以热汤遍洗之②；毛孔中即有垢出，以草痛揩③。如此三遍。疏洗令净。四破④，于大釜煮之⑤。

以杓接取浮脂⑥，别著瓮中⑦，稍稍添水⑧，数数接脂⑨。脂尽漉出，破为四方寸脔，易水更煮⑩。下酒二升，以杀腥臊⑪，青白皆得⑫；若无酒，以酢浆代之⑬。添水接脂，一如上法。脂尽，无复腥气，漉出。板切于铜铛中煎之⑭。一行肉，一行擘葱、浑豉、白盐、姜、椒。如是次第布讫⑮，下水煮之。肉作琥珀色乃止。恣意饱食⑯，亦不饷⑰，乃胜燠肉。欲得著冬瓜、甘瓠者⑱，于铜器中布肉时下之。其盆中脂，练白如珂雪，可以供余用者焉。(《齐民要术·卷八蒸焦法第七十七》)

【注释】

①净燂（xún）猪讫：用热水把猪毛去除干净。燂，方言，用开水烫后去毛。

②更以热汤遍洗之：再用热水将猪身各处洗净。

③以草痛揩：用草快速搓擦。

④四破：分成四块。

⑤大釜：大锅。釜，古代的一种锅。

⑥以杓接取浮脂：用木勺撇去浮在汤面的猪油。

⑦别著瓮中：另倒入瓮中。别，另外。

⑧稍稍添水：不断往锅中少量添水。

⑨数数接脂：不时撇取浮油。

⑩易水更煮：换水接着煮。

⑪以杀腥臊：以除去腥臊气味。

⑫青白皆得：放清酒白醪酒都可以。

⑬以酢浆代之：以醋浆代替。

⑭板切：切成片状。铜铛：铜制的平底锅具。

⑮如是次第布讫：像这样依次放进去。

⑯恣意饱食：肆意多吃。

⑰亦不饫（yuàn）：也不腻。饫，厌腻。

⑱甘瓠：一种甜瓜。

脾肉

脾肉，一道历史悠久的佳肴，其选材独特，以驴肉、马肉、猪肉为主，堪称驴马料理的瑰宝，更是现存最早的驴肉菜谱之一。制作脾肉，宜选在腊月之初，此时天寒地冻，不仅保证了食材的新鲜，更使得肉品经过夏日的阳光洗礼后依然鲜美如初。若在其他月份制作，则需格外注意密封，以防虫侵扰，影响风味。

制作过程中，首先要将肉切成大块，有骨头的部分更要连带骨头一同剁碎，以保持其原汁原味。接着根据个人口味，加入适量的调味料，如盐、酱油、姜、蒜等，让肉块充分吸收调料的味道。随后，将这些肉块放入瓮中，严密封口，置于阳光下暴晒。经过十四天的阳光洗礼，脾肉便可完成其蜕变，成为一道令人垂涎的美食。食用时，可将脾肉煮来享用，其肉质鲜嫩，味道醇厚,既可作为主食,也可作为佐餐之酱。早晚品尝,别有一番风味。这道菜肴不仅展现了古人对食材的巧妙运用,更体现了他们对生活的热爱与追求。

作脾肉法①:驴、马、猪肉皆得。腊月中作者良,经夏无虫②。余月作者,必须覆护;不密,则虫生。粗剉肉③;有骨者,合骨粗锉④。盐、曲、麦䴬合和,多少量意斟裁⑤。然后盐曲二物等分,麦䴬倍少于曲⑥。和讫⑦,内瓮中,密泥封头,日曝之。二七日便熟⑧。煮供朝夕食,可以当酱。(《齐民要术·卷九作脾、奥、糟、苞第八十一》)

【注释】

①脾(zǐ)肉:一般解释为"干肉",这里指带骨头的肉酱。

②经夏无虫:可以过一个夏天不生虫。

③粗剉肉:大块的肉。

④合骨粗锉:连带着骨头一起粗粗地剁碎。

⑤多少量意斟裁:用量多少随意斟酌加减。

⑥麦䴬(hún):用整颗小麦制作的酒曲。

⑦和讫:搅匀后。

⑧二七日:二七一十四天。

蒸熊肉

早在先秦时期,熊这一威猛的生物便被赋予了祥瑞的象征,然而其肉质的珍贵并未因此而被忽视。相反,食用熊肉在当时被视为一种身份与地位的象征,正如《周礼》所记载:"田猎则设熊席以众,尚毅也。"而人们尤爱品尝的,正是那肥美的熊掌,即熊蹯。蒸熊之法,需从一头熊身上精选三斤肉质,经过细致的清洗后,放入锅中煮至半熟。因熊肉本身带有较重的异味,故处理时须格外用心。随后,以豉清腌渍一宿,让肉质在时间的沉淀中逐渐入味。处理干净的熊肉,与葱白、姜、橘皮、盐等调味料完美结合,再与高粱米一同放入蒸锅中,让蒸汽缓缓渗透,使肉质的鲜美与调料的香醇相互交融。此法不仅适用于熊肉,亦可用来蒸制羊肉、鸭肉等食材,皆能展现出各自独特的风味。出锅之际,撒上些许猪油与橘皮末,不仅增添了食物的香气,更让这道佳肴在视觉上呈现出诱人的色泽。

《食经》曰:"蒸熊法:取三升肉,熊一头[①],净治[②],煮令不能半熟[③],以豉清渍之,一宿。"

"生秫米二升,勿近水④,净拭,以豉汁浓者二升,渍米,令色黄赤。炊作饭⑤。""以葱白长三寸一升,细切姜、橘皮各二升,盐三合⑥,合和之⑦。著甑中⑧,蒸之取熟。""蒸羊、肫、鹅、鸭,悉如此。"一本用猪膏三升,豉汁一升,合洒之;用橘皮一升。

(《齐民要术·卷八蒸缹法第七十七》)

【注释】

①取三升肉,熊一头:一头熊取三升肉。

②净治:(将熊肉)处理洁净。

③煮令不能半熟:要煮至快熟时。

④勿近水:不要沾水。

⑤炊作饭:蒸作米饭。

⑥盐三合:盐60毫升。合,古代容量单位。当时1合约合今20毫升。

⑦合和之:将葱白等调料和熊肉、米掺在一起调匀。

⑧著甑中:放入蒸锅中蒸。

《食次》曰:"熊蒸,大①,剥大烂②。小者,去头脚,开腹。""浑覆蒸③。熟,擘之④;片大如手。"又云:"方二寸许,豉汁煮。秫米⑤,薤白寸断⑥,橘皮、胡芹、小蒜并细切,盐,和糁更蒸⑦。肉一重,间末,尽令烂熟。方六寸,厚一寸。奠,合糁⑧。"又云:"秫米、盐、豉、葱、薤、姜,切锻为屑,内熊腹中。蒸熟,擘奠。糁在下,肉在上。"又云:"四破,蒸令小熟。糁用饙。葱、盐、

食在魏晋　125

豉和之。宜肉下更蒸。""蒸熟,擘。糁在下;干姜、椒、橘皮、糁在上。"(《齐民要术·卷八蒸焦法第七十七》)

【注释】

①大:大熊。

②剥:剥皮大火煮制。

③浑覆蒸:盖上整个蒸。

④擘之:撕成片。

⑤秫米:高粱米粒。

⑥薤白寸断:将薤白切为一寸长的段。

⑦和糁:将用豉汁煮过的秫米加上橘皮、盐等调料调匀。

⑧合糁:与调好味的米饭一起盛上。

肉蹄冻片

肉蹄冻片是目前传世文献中记载的最早的凝冻类冷菜谱,具有深远的历史和文化价值。这份菜谱原名"苞牒法",其中"苞"字在《说文解字》中意为"草",而"牒"则常指肉质的肥美。然而,在这里,"苞"巧妙地表达了将肉蹄冻用茅草精心包裹的技艺,而"牒"则特指经过冷藏后切片呈现的肉蹄冻。这种独特的处理方式,不仅赋予了菜肴别具一格的风味,更增添了其文化韵味。在调料的选择上,橘皮和用来包裹肉蹄冻

宋·佚名 《河蟹图》

宋·佚名 《春溪水族图页绢本》

宋·佚名 《三羊图》

宋·佚名 《子母鸡图纸本》

的白茅均为南方特产，这进一步表明，"肉蹄冻片"是一道源于南朝或更早时期的南方名菜。橘皮的清香与白茅的清新交织在一起，为这道菜肴增添了独特的香气和口感，令人回味无穷。肉蹄冻片，不仅是一道美味的佳肴，更是中国古代烹饪艺术的瑰宝。它以其独特的制作工艺和丰富的文化内涵，成为中国烹饪史上的一道亮丽风景。

《食次》曰：苞胾法①：用牛、鹿头、豚蹄②。白煮，柳叶细切③，择去耳、口、鼻、舌，又去恶者④。蒸之。

别切猪蹄⑤，蒸熟，方寸切，熟鸡鸭卵⑥、姜、椒、橘皮、盐，就甑中和之。仍复蒸之，令极烂熟。一升肉，可与三鸭子⑦。别复蒸令软，以苞之。用散茅为束附之相连必致。令裹大如靴雍⑧，小如人脚跨肠。大长二尺；小长尺半。

大木迮之令平正⑨，唯重为佳。冬则不入水。夏作小者，不迮，用小板挟之。一处与板两重；都有四板。以绳通体缠之，两头与楔楔苏结反之：二板之间，楔宜长薄，令中交度，如楔车轴法。强打，不容则止⑩。悬井中，去水一尺许。

若急待，内水中⑪，时用去上白皮；名曰"水胾"。又云：用牛猪肉，煮切之，如上。蒸熟。出置白茅上，以熟煮鸡子白，三重间之。即以茅苞，细绳概束。以两小板挟之，急束两头，悬井水中。经一日许，方得。

又云：藿叶薄切，蒸；将熟，破生鸡子，并细切姜、橘，就甑中和之，蒸苞如初。奠如"白膋"，一名"连膋"是也。(《齐民要术·卷九作脾、奥、糟、苞第八十》)

【注释】

①苞膋：指的是"肉蹄冻片"类的菜肴。

②豚蹄：乳猪蹄。

③柳叶细切：即切成柳叶片。

④又去恶者：再去掉不好的。

⑤别切猪蹄：另外切上猪蹄。

⑥熟鸡鸭卵：熟鸡鸭蛋。按：今粤方言中仍存鸡卵、鸭卵词。

⑦可与三鸭子：可放三个鸭蛋。按：前面把鸭蛋写作"鸭卵"，这里又作"鸭子"，可见此谱非一人一时所撰抄。

⑧靴雍：包好的蹄肉大得像靴筒那样粗。

⑨大木迮(zé)之：用大木头压上。

⑩强打，不容则止：用力打不进去为止。

⑪内水中：放入水中。内，同"纳"。

五香肉脯

在《齐民要术》中，有一款独特的肉脯，名为"五味脯"。这款佳肴的制作，择取农历正月、二月或九月、十月的时节，以牛、羊、鹿等牲畜的精选肉质为基。

其独特之处在于，肉条经过特制的骨汤腌渍，而这骨汤，正是以葱、姜、花椒、橘皮、盐和豆豉等五味精心调制而成，故得名"五味脯"。

在这一传统的制作工艺中，骨汤的制作与应用堪称精髓。据《齐民要术》所述，需先将牛骨或羊骨精心砸碎，然后置于锅中白煮。煮制过程中，需细心去除浮沫，待其凉透后，方取上层的清汤。这清汤再加入豆豉，煮制后去滓取净，最后放入盐、葱、姜、花椒、橘皮末，调和均匀，一盏醇厚鲜美的骨汤便制作完成。这段记载，不仅展现了古人对食材的细致挑选与精湛技艺，更在传世文献中留下了关于骨汤制作与应用的最早印记。这种古老的烹饪智慧，历经千年，仍散发着诱人的魅力。

作五味脯法①：正月、二月、九月、十月为佳。用牛、羊、獐、鹿、野猪、家猪肉。或作条，或作片②。罢③，凡破肉皆须顺理，不用斜断④。各自别。槌牛羊骨令碎，熟煮，取汁；掠去浮沫，停之使清。取香美豉，别以冷水，淘去尘秽。用骨汁煮豉。色足味调，漉去滓，待冷下盐。适口而已，勿使过咸。

细切葱白，捣令熟⑤。椒、姜、橘皮，皆末之⑥。量多少。以浸脯。手揉令彻。片脯，三宿则出；条脯，须尝看味彻，乃出。皆细绳穿，于屋北檐下阴干。条脯：㡀㡀时，数以手搦令坚实。脯成，置虚静库中，著烟气则味苦。纸袋笼而悬之。置于瓮，则郁浥。若不笼，则青蝇尘污。腊月中作条者，名曰"瘃脯"，堪度夏。每取时，先取其肥者。肥者腻，不耐久。(《齐民要术·卷八脯腊第七十五》)

【注释】

①五味脯：即五香干肉（片）。五味，即文中的葱白、姜、椒、橘皮和盐豉。

②或作条，或作片：或切成条，或切成片。

③罢：完了。指将牛肉等全部切成条、片后。

④凡破肉皆须顺理，不用斜断：凡切肉都必须顺着肉纹，不可斜切。

⑤捣令熟：要将（葱白）捣烂。

⑥皆末之：都加工成末。

烤鸭肉串

这是《齐民要术》引自《食经》的烤鸭肉串谱，菜谱中详尽地量化了主料与调料的用量，精确到鸭肉腌渍的时间，彰显着严谨与细致。同时它也是迄今为止，我们所知中国最早的烤鸭肉串菜谱，意义非凡。根据记载，这款烤鸭肉串所选用的鸭肉，应当是出生后六七十天的肥鸭，此时的鸭肉肉质鲜嫩，口感最佳。

肥鸭宰杀净治后，需细心去骨取肉。鸭肉被切成均匀的块状，随后，将五合酒，五合鱼酱汁，半合的姜、葱、橘皮末以及五合的豉汁混合，调制成独特的腌渍调料。鸭肉块放入这调料汁中，腌渍时间恰好是一锅米饭的蒸煮时长，如此，鸭肉便能充分吸收调料的精华。腌渍完成后，鸭肉便可穿成肉串进行烤炙。菜谱还特别提到，烤鹅肉串的制作方法与烤鸭肉串相同，可见其烹饪技艺之精湛。

腩炙法[1]：肥鸭，净治洗，去骨，作脔[2]。酒五合[3]，鱼酱汁五合，姜、葱、橘皮半合，豉汁五合，合和[4]，渍一炊久[5]，便中炙[6]。子鹅作亦然。(《齐民要术·卷九炙法第八十》)

【注释】

①腩炙：原题"腩炙法"，这里的腩炙，实是渍烤鸭肉串。
②作脔：(将鸭肉切)成块。
③酒五合：这里未说是什么酒，应是当时的"白酒"。
④合和：(将鸭肉串和调料汁)放在一起调味。
⑤渍一炊久：腌渍蒸一锅米饭的工夫。
⑥便中炙：便可以烤了。

芋头鸭

这道佳肴的制作过程匠心独运,首先以醇酒炖煮鸭肉,再巧妙地融入羊肉汤、米、芋头与精选的调料,煮制出一道汤汁醇厚、口感鲜美的佳肴。按照这份菜谱,烹制此菜时,若是选用小鸭则需6只,若是大鸭则5只足矣。炖鸭所用的酒需8升,方能醇香四溢;而羊肉则需2斤,与鸭肉的鲜美相互衬托。调料中的葱、姜等均有定量。这款芋头鸭的做法对后世的影响深远,后世诸多美食如酒炖鸭、芋头烧鸭块等,均可追溯至此。它不仅是美食的传承,更是文化的延续,让我们在品味美食的同时,也能感受到历史的厚重与文化的韵味。

作鸭臛法:用小鸭六头,羊肉二斤。大鸭五头,葱三升,芋二十株[①],橘皮三叶,木兰五寸[②],生姜十两,豉汁五合,米一升。口调其味。得臛一斗。先以八升酒煮鸭也。(《齐民要术·卷八羹臛法第七十六》)

【注释】

①芋二十株:当是指20个芋头。

②木兰五寸:木兰为一种落叶乔木的树皮,其皮甚薄而味

香辛,据陶弘景说,当时在"零陵(今属湖南)诸处皆有"。

银耳鹅鸭条

"银耳鹅鸭条"这道菜,展现了古人对食材的巧妙搭配与烹饪智慧。这道佳肴的制作过程简单而精致,银耳经泡发洗净后,与煮熟的鹅鸭肉条一同入锅,再佐以盐、豉、胡芹、小蒜等调料轻煮片刻,便可成就一道美味佳肴。这份菜谱原本记载于南朝的《食经》之中,详细描述了银耳与鹅鸭肉的完美结合。然而,当这份珍贵的食谱传入北魏后,为了适应新的口味与风俗,辅料中的猪肉被巧妙地替换为羊肉,使得这道佳肴更加符合北方人的饮食喜好。当贾思勰将这道银耳鹅鸭条收入《齐民要术》时,他不仅对食材的用量与烹饪方法进行了详细的说明,还特别提醒"不与醋",这一微妙的提示无疑为后人烹饪此菜提供了宝贵的经验。此外,贾思勰还对银耳这一食材进行了深入的解释,使得我们更加了解银耳的特性和价值。

槃七鸜切淡:用肥鹅鸭肉,浑煮[1],斫为候;长二寸,广一寸,厚四分许。去大骨。白汤别煮槃[2],经半日久,漉出,浙其中,朸涟去令尽。羊肉下汁中煮[3]。与盐豉。将熟,细切锻胡芹、小蒜与之。生熟。如烂，不与醋。若无檗，用菰菌；用地菌，黑里不中[4]。檗：大者中破，小者浑用。檗者，树根下生木耳，要复接地生、不黑者，乃中用。米奠也。(《齐民要术·卷八羹臛法第七十六》)

【注释】

①浑煮：整只煮。

②白汤别煮檗：用白开水单煮银耳。

③汁：指煮鹅鸭的白汤。

④黑里不中：黑心的不能用。

酸菜鹅鸭羹

经过精细宰杀和治理的鹅与鸭，被娴熟地切割成一寸见方的美味肉块。经过干煸之后，淋上鲜美的豉汁与营养丰富的米汤，为其注入了浑厚的底味。随后，酸菜丝与适量的盐被巧妙地融入其中，使得整道菜肴以酸香为主导，这就是源自南朝的精致佳肴——酸菜鹅鸭羹。这道菜原本有个更贴切的名字，叫作"醋菹鹅鸭羹"，其特色在于食材的组合与搭配上独树一帜。首先，醋菹也就是我们常说的酸泡菜，它在这道菜中不仅作为辅料增色添味，更是决定整道菜肴酸甜口感的关键调味品。经过历史的沉淀，后世的厨艺大师们纷纷证明，运用这种调味手法所打造出的菜品，口味自然而不做作，柔和且层次丰富，酸度恰到好处，令人回味无穷。再者，这道菜的另一大亮点，在于将质地粗糙的鹅肉与鲜嫩多汁的鸭肉巧妙地搭配在一起进行干煸。这两种肉质的完美结合，使得菜肴在口感上更加丰富多彩，鹅肉的醇厚与鸭肉的细腻相得益彰，这种匠心独运的配料方法，至今仍被广大厨艺爱好者所沿用。

醋菹鹅鸭羹：方寸准①。熬之②，与豉汁米汁。细切醋菹与之③；下盐。半奠④。不醋⑤，与菹汁。(《齐民要术·卷八羹臛法第七十六》)

【注释】

①方寸准：(将鹅鸭肉切成)一寸见方(的块)为好。

②熬之：干煸。

③与之：加入。

④半奠：盛半碗。

⑤不醋：不酸。

余味悠长的千年食谱

糟肉

在遥远的魏晋时代，人们已经独具匠心地发明了一种腌制美味的方法——用酒来腌肉。这一智慧的结晶，孕育出了"糟肉"这一佳肴，它以酒糟与肉为主角，交织出别样的风味。尽管菜谱中未曾明言肉的种类，但依据《齐民要术》的上下文线索，不难推测糟肉的主要原料应是猪肉。

制作这道菜四季皆宜。首先，将酒糟与水巧妙调和，使其呈现出诱人的粥状，再撒上适量的食盐，增添一抹咸鲜。接着，将精心烤制的猪肉放入这浓郁的酒糟之中，密封严实，然后将其置于阴凉之地，任由时间慢慢地酝酿。当糟肉完成时，其香气扑鼻，令人垂涎。无论是佐酒还是配饭，它都是绝佳的选择。更令人称奇的是，经过精心处理的糟肉，在炎炎夏日中竟能保存十天之久而不腐臭，这无疑是古人智慧的结晶。这种独特的腌制方法，历经千年仍被沿用至今，不仅有了酒糟鸡、酒糟鱼等更多元化的选择，更在中国传统菜系中形成了独具风味的酒糟谱系。

作糟肉法[①]：春、夏、秋、冬皆得作[②]。以水和酒糟[③]，搦之如粥[④]，著盐令咸[⑤]。内棒炙肉于糟中，著屋下阴地[⑥]。饮酒食饭，皆炙之。暑月，得十日不臭[⑦]。(《齐民要术·卷九作脾、奥、糟、苞第八十一》)

【注释】

①糟肉：指佐酒下饭皆宜的热菜。

②春、夏、秋、冬皆得作：春夏秋冬都可以做。

③酒糟：酿酒的余渣经过粗滤除去固体谷物后剩下的被溶解的残留物和细颗粒。

④搦之如粥：将酒糟捏搅成粥状。

⑤著盐令咸：加盐使糟汁有咸味。

⑥著屋下阴地：放在屋檐下阴凉的地方。

⑦暑月，得十日不臭：在夏季，糟肉放十天也不会腐臭。

烂肉

烂熟，即指烹饪至恰到好处的肉，鲜嫩而多汁。在制作这道菜时，大量的肉汤被精心保留，使得整道菜肴在口感上呈现出极致的软烂与细腻。烹制烂肉的过程中，需将已煮至熟透的肉质切成三寸厚的肉块，以备后用。随后，精选葱、姜、椒、橘皮、胡芹、小蒜等香料，佐以适量的盐和醋，共同调制出一锅香醇浓郁的羹汤。在享用前，将肉块轻轻放入羹汤中，让其充分吸收汤汁的精华，从而更添风味。制作这道菜火候的掌控尤为关键。若肉在汤中浸泡过久，肉块便会膨胀变形，失去了原有的精致美感。这种独特的烹饪手法已初露后世炖肉料理的端倪，诸如烧羊肉等传统佳肴，极有可能从中汲取了灵感，延续至今。

烂熟：烂熟肉谐[1]，令胜刀[2]；切长三寸，广半寸，厚三寸半。将用[3]，肉汁中葱、姜、椒、橘皮、胡芹、小蒜，并细切锻[4]。并盐醋与之。别作臛。临用[5]，写臛中[6]，和奠。有沉[7]。将用，乃下肉候汁中，小久则变大，可增之。（《齐民要术·卷八羹臛法第七十六》）

【注释】

①谐：指肉熟得恰到好处。

②令胜刀：使肉能经得住刀切。

③将用：将要食用的时候。

④细切锻：切成细末儿。

⑤临用：临食用的时候。

⑥写膲中：倒入羹中。写，同"泻"，倒进。
⑦有沉：有沉淀的酸浆汁。

绿肉

"绿肉"之名源于其独特的酸味。在古代，人们常用"绿"字来象征"酸"，因此这道酸香四溢的佳肴便得名"绿肉"。制作绿肉时，选材颇为讲究，猪、鸡、鸭均可成为主角。将精选的肉类切成薄片，再佐以葱、姜、橘皮、胡芹、小蒜等切成的细末儿，最后淋上醇厚的醋汁，使其充分入味。经过这样的烹饪，猪肉便化身为美味的绿肉，而同样制作的鸡鸭亦可称为"酸鸡酸鸭"。绿肉不仅是一道佳肴，更是一道融合了古人智慧与创意的美食。它让我们领略到传统烹饪的魅力，也让我们在品味美食的同时，感受到中华文化的博大精深。

绿肉法：用猪、鸡、鸭肉，方寸准①，熬之②。与盐豉汁煮之。葱、姜、橘、胡芹、小蒜，细切与之③。下醋。切肉名曰"绿肉"，猪、鸡名曰"酸"。（《齐民要术·卷八菹绿第七十九》）

【注释】

①方寸准：（将猪、鸡、鸭肉切成）一寸宽的片。

②熬之：煎制。
③细切与之：切成细末放进去。

酸豚

猪肉可以说是被魏晋人吃出了花样，这道酸乳猪看似简单，但却出现了一个影响整个中国饮食史的字眼，那就是"炒"。要知道很长一段时间内，古人在料理时只能进行简单的水煮、烤、蒸，烹饪方式稍显局限。在这篇菜谱中，需选用还在吃奶的小猪，处理干净后带着骨头剁成块，然后加入调味料煸香。接着倒入水将肉煨烂，最后放入米、葱、豉汁等进行调味，最终呈现出的状态有点像我们今天吃的煲仔饭。这种先炒制煸香，然后加水煨烂的烹饪手法至今仍在沿用，而这道宫廷菜谱也在历经了千百年的流传后走入寻常百姓家，成为所有中国人共同的舌尖记忆。

酸豚法：用乳下豚①，燖治讫②，并骨斩脔之③，令片别带皮④。细切葱白，豉汁炒之，香。微下水⑤。烂煮为佳。下粳米为糁，细擘葱白⑥，并豉汁下之。熟下椒醋。大美⑦。（《齐民要术·卷八菹绿第七十九》）

【注释】

①乳下豚：还在吃奶的小猪。

②燖治讫：用开水烫毛处理干净。

③并骨斩脔之：带着骨头剁成小块。

④令片别带皮：使每片肉都带着皮。

⑤微下水：稍稍倒入少量的水。

⑥细擘葱白：将葱白细细掰开。

⑦大美：味道极美。

蒸乳猪

早在春秋时期，蒸乳猪已然是餐桌上的珍馐，常被献于祭祀等庄重场合。然而，彼时的蒸乳猪质朴却缺乏味道，难以称之为饕餮盛宴。直至魏晋时期，烹饪之道日臻完善，人们开始对蒸乳猪的制作技艺进行革新。他们巧妙地运用各类调味料去除猪肉的腥膻，使其变得鲜美可口，深受老少喜爱。

在烹制蒸乳猪时，首要之选便是一头肥美的乳猪。经过细致的清洗，煮至半熟，随后以豉汁腌制。接着，将猪肉、高粱米、葱白、橘叶等食材一同放入蒸锅之中，让它们在高温的蒸煮下交融出独特的香味。最后，淋上那香醇的猪油与豉汁，一道色香味俱佳的蒸乳猪便大功告成。这一时期的蒸肉技艺中,米的使用尤为巧妙。在蒸乳猪这道菜中,米则与肉一同蒸制,使得饭菜同锅而出,既方便又美味。这种独特的烹饪方式,至今仍为人们所沿用。

蒸豚法:好肥豚一头,净洗垢①,煮令半熟②,以豉汁渍之。生秫米一升,勿令近水③;浓豉汁渍米,令黄色,炊作馈④,复以豉汁洒之。细切姜、橘皮各一升,葱白三寸四升,橘叶一升,合著甑中⑤。密覆,蒸两三炊久⑥;复以猪膏三升⑦,合豉汁一升,洒。便熟也。(《齐民要术·卷八蒸缹法第七十七》)

【注释】

①净洗垢:洗净(小猪身上的)污垢。

②煮令半熟:要煮到半熟。

③勿令近水:不要沾水。

④炊作馈(fēn):蒸饭,米煮半熟后以箕漉出再蒸熟。

⑤合著甑中:一起放进蒸锅中。

⑥蒸两三炊久:蒸制时间大约等于蒸两三锅米饭的时间。

⑦猪膏:猪油。

兔臛

在魏晋时期,以兔肉为主材的佳肴虽不常见,但在《齐民要术》这部古代农业与手工业著作中，我们仍能寻得兔肉料理的珍贵记载。兔肉在古时并非仅作为美食而存在，它还被赋予了治疗家畜疫病的神奇效用。例如，在腊月时节，将兔头烧成灰后加水灌入牛口，便能驱散牛身上的疫气；而用兔子的肠肚喂食牛，则能有效治疗牛的中热症状。

当我们谈及兔肉的烹饪艺术时，不得不提的一道佳肴便是"兔臛"。制作这道菜时，需将兔肉精心剉成枣般大小的肉块，随后加入三升清水和一升佳酿，让肉块在酒水的浸润下逐渐释放其鲜美。再佐以木兰的芬芳、葱的辛辣、盐的咸鲜、豉的醇厚以及苦酒的独特风味，这些调料在锅中交织融合，使得兔臛的味道层次丰富，鲜美可口。最终，当锅中的兔肉烹煮得恰到好处时，便可出锅享用，令人回味无穷。

作兔臛法①：兔一头，断②，大如枣③。水三升，酒一升，木兰五分④，葱三升，米一合，盐、豉、苦酒⑤，口调其味也。(《齐民要术·卷八羹臛法第七十六》)

【注释】

①兔臛：炖兔肉。

②断：剉。

③大如枣：剉成枣一般大的块。

④木兰：一种古代用到的香辛料。落叶乔木，叶子互生，倒卵形或卵形，花大，外面紫色，里面白色，果实是弯曲的长圆形。花蕾供药用。

⑤苦酒：当时醋的俗称。

古法烤乳猪

这应是从先秦时期传承至北魏的经典烤乳猪技艺，其独特的制作工艺在《齐民要术》中得以详细记载，为后世复原这款美味佳肴提供了珍贵的厨艺资料。关于主料的选择，书中明确要求"用乳下豚极肥者"。这里的"乳下豚"并非泛指所有乳猪，而是特指那些能在一窝乳猪中，抢食到母猪腹下最前排乳头的强壮乳猪。这是因为母猪腹下最前排的乳头出奶量最为丰富，只有天生健壮的乳猪才能抢占到这些乳头，从而快速生长，体态丰腴。这样的乳猪，在一窝中寥寥无几，其珍贵程度不言而喻。这就是在主料选择中，为何既强调"乳下豚"，又要求"极肥者"的深意所在。

炙豚法①：用乳下豚，极肥者②，豶牸俱得③。擊治一如煮法④。揩洗、刮削，令极净。小开腹，去五藏，又净洗。以茅茹腹令满⑤。柞木穿⑥，缓火遥炙，急转勿住。转常使周匝；不匝，则偏燋也。清酒数涂，以发色。色足便止。取新猪膏极白净者，涂拭勿住。若无新猪膏，净麻油亦得。色同琥珀，又类真金；入口则消，状若凌雪，含浆膏润，特异凡常也。(《齐民要术·卷九炙法第八十》)

【注释】

①炙豚法：烤乳猪的方法。

②用乳下豚，极肥者：用吃母猪腹下前面乳头奶的肥乳猪。

③豮牸俱得：阉割过的公猪、母猪都可以。豮，这里指阉割过的公猪。牸，这里指阉割过的母猪。

④揲治一如煮法：去毛和内脏等同煮豚的方法一样。

⑤以茅茹腹令满：用茅蒿填满猪腹。

⑥柞木穿：用柞木将猪穿上。柞木，即俗称的橡子树干、枝。

日臻醇熟的烹饪技法

跳丸炙

丸子，这一古老而美味的食物，如今仍旧在我们的餐桌上扮演着不可或缺的角色。从潮汕牛肉丸到福州鱼丸，它们早已成为各自地区的标志性风味。然而，追溯其历史，我们惊讶地发现，早在遥远的魏晋时期，古人便已经掌握了精湛的制丸技艺。

这道名为"跳丸炙"的佳肴，其制作方法最初记载于《食经》之中，后被《齐民要术》收录，流传至今。所谓"跳丸"，顾名思义，是指制作出的丸子具有惊人的弹力，仿佛能够跃然起舞，其口感也因而更加富有嚼劲。在制作跳丸炙时，需精选羊肉和猪肉，按照一比一的比例切成细丝，随后加入生姜、橘皮、腌瓜和葱白等调料，精心搅拌，直至肉质上劲。接着，将这些调味均匀的肉料搓成丸子。最后，另起一锅鲜美的羊肉汤，将团好的丸子轻轻放入，待其煮熟，便大功告成。

《食经》曰：作跳丸炙法：羊肉十斤，猪肉十斤，缕切之①。生姜三升，橘皮五叶，藏瓜二升②，葱白五升，合捣③，令如弹丸④。别以五斤羊肉作臛；乃下丸炙，煮之作丸也。(《齐民要术·卷九炙法第八十》)

【注释】

①缕切之：切成丝。

②藏瓜：即腌瓜。

③合捣：放在一起搅匀。

④令如弹丸：做成弹丸那样的肉圆。

生脡

这是一道传承千年的生肉酱佳肴，它源自古老的食谱，至今仍在部分少数民族的餐桌上绽放着独特的光彩。这道菜的历史可追溯到东汉末年刘熙所著的《释名·释饮食》，其中记载："生脡，以一分脍，二分细切，合和挺搅之也。"其制作方法与《齐民要术》中的描述相似，但在配料和比例上却各有千秋。

制作生脡，需精选一斤羊肉和四两肥猪肉，以酱油精心腌渍，使其肉质鲜嫩多汁。再取生姜和鸡蛋，细细切丝，加入其中，增添一抹清新的口感。而在春秋两季，更可加入紫苏和香蓼，让这道佳肴散发出淡淡的草本香气，令人陶醉。制作完成的生脡，咸鲜适口，回味无穷。

生脡法①：羊肉一斤，猪肉白四两②，豆酱清渍之③。缕切生姜鸡子④。春秋用苏蓼著之⑤。（《齐民要术·卷八作酱法第七十》）

【注释】

①生脡（shān）：生肉酱。

②猪肉白：指肥猪肉。

③豆酱清：接近今天的酱油类调味品。

④缕切生姜鸡子：将生姜和鸡蛋切丝。

⑤苏蓼：紫苏和香蓼，均为辛香调料。

甜脆脯

甜脆脯是指用鹿肉、獐子肉等制成的肉干，除了鱼肉外，其他能够制作五味脯的食材也都能够用来做甜脆脯。虽然命名为"甜脆脯"，但制作的过程中并未加入任何的糖，这个"甜"其实指的是在做时不额外放盐。制作甜脆脯的方法大抵都是先将肉切成厚如手掌的薄片，然后放置在阴凉的地方晾干，不用额外放盐。

也有做法是先将肉煮熟，中间不断撇去浮沫，临出锅时大火猛煮，晾干即可。这样制作出来的甜脆脯异常酥脆。类似的制作方法今天仍在使用，且做出的成品仍用"脯"来命名，是很受老百姓喜爱的一类零食。

作甜脆脯法：腊月取獐鹿肉，片①，厚薄如手掌，直阴干，不著盐②。脆如凌雪也③。

作脆脯法：腊月初作。任为五味脯者，皆中作④；唯鱼不中耳。白汤熟煮⑤，接去浮沫。欲出釜时，尤须急火⑥。急火则易燥⑦。置箔上阴干之⑧，甜脆殊常。（《齐民要术·卷八脯腊第七十五》）

【注释】

①片：切成条片状。

②不著盐：不放盐。

③脆如凌雪也：像冰块一样脆。

④任为五味脯者，皆中作：凡可以作五味脯的材料，也都可以作脆脯。

⑤白汤熟煮：在白开水里煮熟。

⑥欲出釜时，尤须急火：快要出锅时更需要大火。

⑦急火则易燥：大火则容易干燥。

⑧箔：用苇子、秫秸等做成的帘子。

菹肖

在古代，四时轮转，每个季节都有其独特的祭祀仪式，而秋祠便是其中一项庄重的传统。据《太平御览》引卢谌《祭法》记载，晋代秋祠之时有一款名为"菹肖"的特色佳肴。从《齐民要术》的详细记载中，我们可以窥见菹肖的独特魅力与制作方法。

菹肖的制作原料包括猪肉、羊肉和鹿肉的肥膘，这些肉质细嫩的肉被巧妙地切成丝丝缕缕，仿佛五寸小虫般细长。而酸菜叶也被切成同样细致的丝状，与肉丝相映成趣。首先，将肉丝放入热锅中煸炒，使其散发出诱人的香气，撒上适量的盐和豉汁，为这道菜增添咸鲜之味。随后，将腌菜丝加入锅中，与肉丝一同翻炒，使两者充分融合。为了突出酸味，还需多放一些泡菜汁，使其口感更加酸爽可口。菹肖不仅是一道美味的佳肴，更是古代文化与传统祭祀的完美结合。

菹肖法[①]：用猪肉、羊、鹿肥者。叶细切[②]，熬之，与盐豉汁[③]。细切菜菹叶[④]，细如小虫，丝长至五寸，下肉里。多与菹汁[⑤]，令酢。

蝉脯菹法[⑥]：搥之，火炙令熟，细擘[⑦]，下酢。又云："蒸之，

细切香菜,置上。"又云:"下沸汤中,即出,擘如上。香菜蓼法[8]。"(《齐民要术·卷八菹绿第七十九》)

【注释】

①菹肖:古代一种烹调方法,以肉和腌菜为主要食材。

②叶细切:切成叶子一般的细丝。

③与盐豉汁:放盐、豉汁。

④细切菜菹叶:将腌酸菜叶细切成丝。

⑤多与菹汁:多放腌菜汁,提升酸味。

⑥蝉脯:蝉干。据古书记载,古人是吃蝉的。

⑦细擘:仔细掰开。

⑧香菜蓼(liǎo)法:将各种香料放在上面。

烤鱼鹅

这份菜谱原名"衔炙",在东汉刘熙的《释名·释饮食》中已有所记载,后由贾思勰从《食经》中挑选并收入《齐民要术》之中。菜谱中所描述的此菜,其用料及制作工艺与刘熙对"衔炙"的解释如出一辙,主料肥仔鹅,搭配白鱼,再辅以橘皮、鱼酱汁等调料,每一味都精心挑选,彰显着宫廷佳肴的尊贵与独特。在细节之处,贾思勰更是将用料量化,工艺精细到每一环节,出品款式精致无比,这无疑是对烹饪艺术的一种

食在魏晋

极致追求。

衔炙法①：取极肥子鹅一只，净治，煮令半熟。去骨，锉之②。和大豆酢五合，瓜菹三合③，姜、橘皮各半合，切小蒜一合，鱼酱汁二合，椒数十粒作屑④，合和⑤，更锉令调。取好白鱼肉，细琢，裹作弗，炙之。(《齐民要术·卷九炙法第八十》)

【注释】

①衔炙：即"衔裹而炙"，也就是烤馅儿裹馅儿。

②锉之：打磨处理。

③瓜菹：酸味腌瓜。

④作屑：压成末。

⑤合和：放在一起搅匀。

烤鹅鸭

这份是迄今所见烤鸭之最早且详尽之菜谱，与今日名扬四海的北京烤鸭有所不同，此菜谱中烤鸭并非整只，而是专取鸭脯部分。在烘烤之前，匠人需将鸭骨细细捶碎，随后涂抹上姜、椒、橘皮、葱、胡芹、小蒜、豆豉与盐共八种调料，精心腌制。待烤至金黄酥脆，再将鸭脯去骨，巧妙改刀，装盘呈现。这不仅是一道佳肴，更是一次味蕾与历史的激烈碰撞，展现了中国古代高超的烹饪技巧。

范炙①：用鹅鸭臆肉②。如浑，椎令骨碎③。与姜、椒、橘皮、葱、胡芹、小蒜、盐、豉，切和，涂肉④。浑炙之⑤。斫取臆肉去骨⑥，奠如白煮之者。(《齐民要术·卷九炙法第八十》)

【注释】

①范炙："范"字疑是前文错入此处。

②用鹅鸭臆肉：用鹅、鸭的胸脯肉。

③如浑，椎令骨碎：如果整块烤，要将骨捶碎。由此可知，这是烤带骨鸭脯。捶碎骨的目的，显然是为了让骨髓在烤炙过程中滋润鸭肉，从而使出品更香美。

④涂肉：将调料抹在鹅鸭肉上。

⑤浑炙之：整块烤好。

⑥斫取臆肉：片下脯肉。斫，此处作片讲。

极具智慧的古代腌菜

菹菜

在魏晋时期，蔬菜供应深受季节变换的制约。因此，古人睿智地发明了多种加工和保藏蔬菜的方法，以应对这种季节性的限制。贾思勰在《齐民要术》中详细记载了这些技术，其中特别提到了利用黄河流域特有的黄土层进行窖藏。这种土层因其干燥和保温的特性，成为蔬菜保鲜的理想场所。"作菹"，是一种利用乳酸菌在缺氧环境下分解蔬菜中的糖分和淀粉，产生乳酸的过程。这种方法不仅能够使蔬菜散发出诱人的香味和酸味，还能通过乳酸的作用抑制腐败微生物的生长，从而延长蔬菜的保存期。"作菹"的蔬菜种类丰富多样，既有种植的蔬菜如越瓜、冬瓜、葵菜等，也有野生的木耳、蒲芽等。这些蔬菜在精心处理后，通过腌制、发酵等过程，变身为各种美味的"菹"，如"淡菹""咸菹""汤菹"等。这些"菹"不仅味道鲜美，而且营养丰富,成为古代人们餐桌上的佳肴。

葵菘、芜菁、蜀芥咸菹法①:收菜时,即择取好者,菅蒲束之②。作盐水,令极咸,于盐水中洗菜,即内瓮中。若先用淡水洗者,菹烂。其洗菜盐水,澄取清者,泻著瓮中,令没菜把即止,不复调和。菹色仍青;以水洗去咸汁,煮为茹,与生菜不殊。(《齐民要术·卷九作菹、藏生菜法第八十八》)

【注释】

①菹(zū):即利用乳酸菌发酵来加工保藏的蔬菜。

②菅(jiān)蒲:水草。

其芜菁、蜀芥二种,三日抒出之。粉黍米作粥清。捣麦䴷作末,绢筛。布菜一行,以䴷末薄坌之①,即下热粥清。重重如此,以满瓮为限。其布菜法:每行必茎叶颠倒安之。旧盐汁,还泻瓮中。菹色黄而味美。作淡菹,用黍米粥清,及麦䴷末,味亦胜。(《齐民要术·卷九作菹、藏生菜法第八十八》)

【注释】

①坌(bèn):把粉末撒上。

作汤菹法:菘菜佳①,芜菁亦得。收好菜,择讫,即于热汤中煤出之。若菜已萎者,水洗,漉出,经宿生之,然后汤炸。煤讫,冷水中濯之,盐、醋中,熬胡麻油著,香而且脆。多作者,

食在魏晋　159

亦得至春不败。(《齐民要术·卷九作菹、藏生菜法第八十八》)

【注释】

①菘菜：蔬菜名，十字花科。二年生草本植物。变种甚多，通常称为白菜。

酿菹法[①]：菹，菜也。一曰：菹不切曰"酿菹"。用干蔓菁。正月中作。以热汤浸菜，令柔软；解辨、择、治、净洗。沸汤煠[②]，即出；于水中净洗。复作盐水暂度，出著箔上。经宿，菜色生好；粉黍米粥清，亦用绢筛麦䵮末，浇菹布菜，如前法。然后粥清不用大热；其汁才令相淹，不用过多。泥头七日便熟。菹瓮以穰茹之[③]，如酿酒法。

作卒菹法：以酢浆煮葵菜，擘之，下酢，即成菹矣。(《齐民要术·卷九作菹、藏生菜法第八十八》)

【注释】

①酿(niàng)：菜不切，整棵地腌。

②煠(yè)：把食物放入汤或煮沸的油里弄熟。

③穰茹：用秸秆包裹。

藏菜

《齐民要术》中收录了多种保存蔬菜的方法，其中关于藏梅瓜的方法别有风雅。首先，需精选那些经霜而愈发白净的老冬瓜，细细削去皮，取其肉质饱满的部分，以刀工精湛的手法切成方方正正、如同"手板"般大小的薄片。随后，筛取些许细腻的灰烬，轻轻地将冬瓜片置于其上，再用一层薄灰轻轻覆盖，既保护其新鲜，又增添了几分古朴的韵味。而乐安县县令徐肃所用的藏瓜法，则更显得精细而独特。他挑选细长条状的越瓜，确保其新鲜不干，轻轻揩去表面的尘土，全程不沾一滴水，以保持其原始的纯净。接着，用适量的盐腌制，让瓜片充分吸收盐分，达到咸鲜适中的口感。约莫十日后，取出瓜片，再次揩净，稍作阴干，在火边轻烤至温热。最后，将它们重新放回盆子中，加入适当的调料进行调和，使得瓜片不仅口感独特，更增添了几分令人回味无穷的香气。

藏生菜法：九月十月中，于墙南日阳中，掘作坑；深四五尺。取杂菜，种别布之，一行菜，一行土。去坎一尺许，便止；以穰厚覆之[①]。得经冬。须即取，粲然与夏菜不殊[②]。

《食经》作葵菹法：择燥葵五斛。盐二斗，水五斗，大麦干饭四升，合濑案：葵一行，盐饭一行，清水浇，满。七日，黄；便成矣。

作菘咸菹法：水四斗，盐三升，搅之，令杀菜。又法：菘一行，女曲间之[③]。（《齐民要术·卷九作菹、藏生菜法第

八十八》)

【注释】

①穰:庄稼秸秆。

②粲然:新鲜。

③女曲:小曲,用来发酵。

作酢菹法:三石瓮,用米一斗,捣,搅取汁三升。煮淬作三升粥,令。内菜瓮中,辄以生渍汁及粥灌之。一宿,以青蒿、薤白各一行①,作麻沸汤浇之②,便成。(《齐民要术·卷九作菹、藏生菜法第八十八》)

【注释】

①薤白:百合科植物小根蒜或薤的干燥鳞茎,可入药。

②麻沸汤:即刚刚有极小的气泡冒上的开水。

作菹消法:用羊肉二十斤,肥猪肉十斤,缕切之。菹二升,菹根五升,豉汁七升半,切葱头五升。

蒲菹①:《诗义疏》曰:"蒲,深蒲也;《周礼》以为菹。谓蒲始生,取其中心入地者'蒻'②,大如匕柄,正白;生噉之,甘脆。"又:煮以苦酒,受之,如食笋法,大美。今吴人以为菹,又以为鲊。(《齐民要术·卷九作菹、藏生菜法第八十八》)

【注释】

①蒲(pú):指蒲草。多年生草本,可做蒲包和扇子等。其

芽柔嫩可食,称蒲菜。

②蒻(ruò):嫩芽。

世人作葵菹不好,皆由葵大脆故也。菹菘,以社前二十日种之;葵,社前三十日种之。使葵至藏,皆欲生花,乃佳耳。葵经十朝苦霜,乃采之。秫米为饭,令冷。取葵著瓮中,以向饭沃之。欲令色黄,煮小麦时时栅桑葛反之①。

崔寔曰:"九月,作葵菹。其岁温,即待十月。"(《齐民要术·卷九作菹、藏生菜法第八十八》)

【注释】

①栅(sè):指以米麦等掺入他物。

《食经》曰:藏瓜法:取白米一斗,鏓熬之①,以作糜中。下盐,使咸淡适口。调寒热。熟拭瓜②,以投其中。密涂瓮,此蜀人方,美好。又法:取小瓜百枚,豉五升,盐三升。破去瓜子,以盐布瓜片中,次著瓮中。绵其口③。三日,豉气尽,可食之。

《食经》藏越瓜法:糟一斗,盐三升,淹瓜三宿。出,以布拭之,复淹如此。凡瓜,欲得完;慎勿伤,伤便烂。以布囊就取之,佳。豫章郡人晚种越瓜,所以味亦异。(《齐民要术·卷九作菹、藏生菜法第八十八》)

【注释】

①鏓:特指一种带脚的锅。

②熟拭瓜：把瓜擦干净。

③绵其口：用丝绵把口封住。

《食经》藏梅瓜法：先取霜下老白冬瓜，削去皮，取肉，方正薄切如手板①。细施灰，罗瓜著上，复以灰覆之。煮杬皮乌梅汁著器中②。细切瓜，令方三分，长二寸，熟之，以投梅汁。数日可食。以醋石榴子著中，并佳也。（《齐民要术·卷九作菹、藏生菜法第八十八》）

【注释】

①手板：古时候王公上朝时所执的玉制手板，即"笏"。也可以是象牙、骨、竹、木等材质。

②杬皮：古书上说的一种乔木，树皮煎汁可贮藏和腌渍水果、蛋类。

八面玲珑的饮食智慧

胡汉融合的民族菜肴

羊肉与传统料理的碰撞

在波澜壮阔的人口大迁徙时代,北方的战乱和灾害像一场无情的风暴,席卷着无数家庭。在这场迁徙与融合的大潮中,食物作为生活的基本需求,也在发生着前所未有的交流与融合。各种食材、烹饪方式相互碰撞、交流,最终达到了和谐共生的境界。特别是进入魏晋时期,家猪的饲养逐渐减少,而羊肉则一跃成为餐桌上的主角,成为那个时代的主流肉食。南北朝时期的《洛阳伽蓝记》更是赞誉羊肉为"陆产之最",足见其在当时饮食文化中的重要地位。

胡汉之间的饮食文化交流,不仅丰富了人们的饮食选择,更增强了人们的体质。胡族带来的畜牧业产品,如肉类、乳制品等,与汉族的稻米、谷粒等食材相结合,形成了荤素搭配、均衡合理的饮食结构。这种饮食结构不仅满足了人们的口腹之欲,更有助于身体健康。这种饮食文化的交流与融合,不仅在当时产生了深远的影响,更为后世留下了宝贵的财富。

胡炮肉法:肥白羊肉,生始周年者①,杀,则生缕切如细叶。脂亦切。著浑豉②、盐、擘葱白③、姜、椒、荜拨、胡椒,令调适。

净洗羊肚,翻之。以切肉脂,内于肚中,以向满为限④。缝合。作浪中坑⑤,火烧使赤。却灰火⑥,内肚著坑中,还以灰火覆之。于上更燃火,炊一石米顷,便熟。香美异常,非煮炙之例。(《齐民要术·卷八蒸缹法第七十七》)

【注释】

①生始周年者:生下刚一岁的白羊。

②著浑豉:加入整粒豆豉。

③擘葱白:撕碎的葱白。

④以向满为限:以刚满为度。

⑤作浪中坑:挖个中部陷下的火坑。此从缪启愉先生释。

⑥却灰火:去掉灰火。

蒸羊法:缕切羊肉一斤①,豉汁和之,葱白一升著上,合蒸。熟,出,可食之。(《齐民要术·卷八蒸缹法第七十七》)

【注释】

①缕切:切成丝。

《食经》曰：啗炙①：用鹅、鸭、羊、犊、獐、鹿、猪肉，肥者，赤白半②。细斫熬之③。以酸瓜菹④、笋菹⑤、姜、椒、橘皮、葱、胡芹，细切，盐、豉汁，合和肉，丸之。手搦为寸半方⑥。以羊猪胳肚臘裏之。两歧，簇两条，簇炙之，簇两歧，令极熟。奠四歧。牛鸡肉不中用。(《齐民要术·卷九炙法第八十》)

【注释】

①啗(dàn)：同"啖"。

②赤白半：精肉、肥肉各一半。

③细斫熬之：细细剁成泥。

④酸瓜菹：酸味腌瓜。

⑤笋菹：酸味腌笋。

⑥搦：捏，握持，此处作团、拍讲。

肝炙①：牛、羊、猪肝，皆得。脔长寸半、广五分②，亦以葱、盐、豉汁腩之。以羊络肚臘素千反脂裹，横穿，炙之。(《齐民要术·卷九炙法第八十》)

【注释】

①肝炙：烤肝。

②脔长寸半、广五分：肝块长一寸半、宽五分。

灌肠法：取羊盘肠，净洗治①。细锉羊肉②，令如笼肉③。细切葱白，盐、豉汁、姜、椒末调和，令咸淡适口。以灌肠。两

食在魏晋　169

条夹而炙之;割食,甚香美。(《齐民要术·卷九炙法第八十》)

【注释】

①净洗治:洗好整治洁净。

②细锉羊肉:细剁羊肉。

③令如笼肉:肉要剁成包子馅儿那样。

作胡羹法:用羊胁六斤,又肉四斤;水四升,煮。出胁①,切之。葱头一斤,胡荽一两,安石榴汁数合。口调其味。(《齐民要术·卷八羹臛法第七十六》)

【注释】

①出胁:捞出煮过的羊胁。

这个乳酪有点"上头"

魏晋南北朝时期,无论是内地的南北两端,还是胡汉之间,都展开了一场深刻而全面的交融与接触。在这场交融中,饮食文化作为社会生活中不可或缺的一环,扮演着至关重要的角色。相较于其他物质的互惠交换,饮食文化的交流更为深刻和广泛。特别是胡汉之间的饮食文化交融,无疑为这一时期的南北交流增添了一抹浓墨重彩。

乳酪,这种以牛羊乳汁为原料制作的乳制品,在北方游牧民族中拥有着举足轻重的地位。随着魏晋南北朝时期民族融合的加深，许多少数民族的饮食传统逐渐传入中原大地，特别是在北方，吃奶酪的习俗迅速风靡开来，成为一种流行的风尚。这种风尚不仅丰富了中原地区的饮食文化，也促进了不同民族间的相互理解和融合。

人饷魏武一杯酪，魏武啖少许，盖头上题"合"字以示众。众莫能解。次至杨修，修便啖曰："公教人啖一口也①，复何疑？"（《世说新语·捷悟》）

【注释】

①啖：吃。

陆太尉诣王丞相，王公食以酪。陆还，遂病。明日，与王笺云："昨食酪小过，通夜委顿①。民虽吴人，几为伧鬼。"（《世说新语·排调》）

【注释】

①委顿：疲乏；憔悴。

（王）肃初入国，不食羊肉及酪浆①，常饭鲫鱼羹，渴饮茗汁②……经数年后，肃与高祖殿会，食羊肉酪粥甚多。（《洛阳伽蓝记》）

【注释】

①酪浆：牛羊等动物的乳汁。

②茗汁：茶水。

陆机诣王武子，武子前置数斛羊酪，指以示陆曰："卿江东何以敌此①？"陆云："有千里莼羹，但未下盐豉耳。"(《世说新语·言语》)

【注释】

①江东：古时指长江下游芜湖、南京以下的南岸地区，也泛指长江下游地区。

作酪法①：牛羊乳皆得。别作和作，随人意。

牛产日，即粉谷如糕屑，多著水煮，则作薄粥，待冷饮牛。牛若不饮者，莫与水；明日渴，自饮。牛：产三日，以绳绞牛项胫②，令遍身脉胀，倒地，即缚；以手痛按乳核③，令破；以脚二七遍蹴乳房，然后解放。羊：产三日，直以手按核令破，不以脚蹴。若不如此破核者，乳脉细微，摄身则闭。核破脉开，捋乳易得。曾经破核，后产者不须复治。牛产五日外，羊十日外，羔犊得乳力，强健能噉水草，然后取乳。捋乳之时，须人斟酌；三分之中，当留一分，以与羔犊。若取乳太早，及不留一分乳者，羔犊瘦死。三月末四月初，牛羊饱草，便可作酪，以收其利，至八月末止。从九月一日后，止可小小供食，不得多作；天寒

草枯,牛羊渐瘦故也。(《齐民要术·卷六养羊第五十七》)

【注释】

①酪:就是我们所说的"奶酪"。

②胫:这里是指牛的四肢。因为用绳绞紧牛的项和四肢,血液集聚在躯干部分,牛身脉胀。

③挼(ruó):用手握着牛的乳房,顺着乳房移动。乳核:即乳头。

大作酪时,日暮牛羊还,即间羔犊①,别著一处。凌旦早放②,母子别群,至日东南角,喋露草饱,驱归挼之。讫,还放之。听羔犊随母,日暮还别。如此得乳多,牛羊不瘦。若不早放先挼者,比竟③,日高则露解,常食燥草,无复膏润;非直渐瘦,得乳亦少。挼讫,于铛釜中,缓火煎之。火急则著底焦。常以正月、二月,预收干牛羊矢,煎乳第一好;草既灰汁,柴又喜焦;干粪火软,无此二患。常以杓扬乳,勿令溢出。时复彻底纵横直勾,慎勿圆搅,圆搅喜断。亦勿口吹,吹则解。四五沸便止。泻著盆中,勿便扬之;待小冷,掠取乳皮,著别器中以为酥。屈木为棬,以张生绢袋子;滤热乳,著瓦瓶子中卧之。新瓶,即直用之,不烧。若旧瓶已曾卧酪者,每卧酪时,辄须灰火中烧瓶,令津出;回转烧之,皆使周匝热彻。好,干,待冷乃用。不烧者,有润气,则酪断不成。若日日烧瓶,酪犹有断者,作酪屋中有蛇、虾蟆故也。宜烧人发,羊、牛角以辟之;

闻臭气，则去矣。(《齐民要术·卷六养羊第五十七》)

【注释】

①间(jiàn)：间别，分别隔离。

②凌旦：刚天亮，大清早。

③比竟：等将奶挤好，再放出去。

其卧酪，待冷暖之节。温温小暖于人体，为合宜适。热卧，则酪醋；伤冷则难成。

滤乳讫，以先成甜酪为酵①。大率：熟乳一升，用酪半匙。著杓中，以匙痛搅令散，泻著熟乳中。仍以杓搅，使均调。以毡絮之属，茹瓶令暖②；良久，以单布盖之；明旦酪成。若去城中远，无熟酪作酵者，急揄醋飱③，研熟以为酵。大率：一斗乳下一匙飱搅令均调，亦得成。其酢酪为酵者，酪亦醋；甜酵伤多，酪亦醋。其六七月中作者，卧时令如人体，直置冷地，不须温茹。冬天作者，卧时少令热于人体。降于余月，茹令极热。(《齐民要术·卷六养羊第五十七》)

【注释】

①酵(jiào)：即作接种用的发酵微生物。

②茹：包裹。

③揄：调和搅动。

作干酪法：七月八月中作之。日中炙酪。酪上皮成，掠取；

更炙之,又掠。肥尽无皮①,乃止。得一斗许,于铛中炒少许时,即出。于槃上日曝②,浥浥时③,作团,大如梨许;又曝,使干。得经数年不坏。以供远行。作粥作浆时,细削,著水中煮沸,便有酪味。亦有全掷一团著汤中;尝,有酪味,还漉取,曝干。一团则得五遍煮,不破。看势两渐薄④,乃削研用,倍省矣。(《齐民要术·卷六养羊第五十七》)

【注释】

①肥尽:指乳脂完全分出来之后。

②槃:古同"盘"。

③浥浥(yì):有相当多的水分,但并不滴出或流出。

④看势两渐薄:是指煮得的汤和留下的干酪团子,两方面的味道都渐渐淡薄时。

作漉酪法:八月中作。取好淳酪,生布袋盛,悬之,当有水出,滴滴然下。水尽,著铛中蹔炒①,即出,于盘上日曝。浥浥时,作团,大如梨许。亦数年不坏。削作粥浆,味胜前者。炒,虽味短,不及生酪,然不炒生虫,不得过夏。干漉二酪,久停皆有喝气②,不如年别新作,岁管用尽。(《齐民要术·卷六养羊第五十七》)

【注释】

①蹔:同"暂"。

②喝(yē):热坏。

作马酪酵法：用驴乳汁二三升，和马乳不限多少。澄酪成，取下淀；团曝干。后岁作酪，用此为酵也。

抨酥法：以夹榆木碗为杷子。作杷子法：割却碗半上，剜四厢各作一圆孔，大小径寸许。正底施长柄，如酒杷形。抨酥酥酪，甜醋皆得所；数日陈酪，极大醋者，亦无嫌。酪多用大瓮，酪少用小瓮。置瓮于日中。旦起，泻酪著瓮中炙，直至日西南角起。手抨之，令杷子常至瓮底。一食顷，作热汤，水解令得下手①，写著瓮中②。汤多少，令常半酪。乃抨之。良久，酥出；下冷水，多少亦与汤等。更急抨之。于此时，杷子不须复达瓮底，酥已浮出故也。酥既遍覆酪上，更下冷水，多少如前。酥凝，抨止。水盆盛冷水，著盆边，以手接酥，沉手盆水中，酥自浮出。更掠如初，酥尽乃止。抨酥酪浆，中和飧粥。盆中浮酥，得冷悉凝。以手接取，搦去水，作团，著铜器中（或不津瓦器亦得）。十日许，得多少，并内铛中；然牛羊矢，缓火煎，如香泽法。当日内，乳涌出，如雨打水声。水乳既尽，声止沸定，酥便成矣。冬即内著羊肚中，夏盛不津器③。初煎乳时，上有皮膜；以手随即掠取，著别器中。写熟乳著盆中，未滤之前，乳皮凝厚，亦悉掠取。明日酪成，若有黄皮，亦悉掠取。并著瓮中，以物痛熟研。良久，下汤，又研；亦下冷水。纯是好酪，接取作团，与大段同煎矣。（《齐民要术·卷六养羊第五十七》）

【注释】

①作热汤,水解令得下手:将水烧热成烫水,再掺冷水下去,到手放下去不觉得太烫。

②写:倾泻。

③不津:不渗水。

其味无穷的主食

不可或缺的粥

魏晋南北朝时期,粥这一寻常之物,在当时被赋予了别样的韵味,成为餐桌上不可或缺的美食。无论是朴素的白粥,还是香醇的粟米粥,抑或是营养丰富的豆粥,都承载着那个时代人们对生活的热爱与追求。而在饥荒之年,粥更是成为救济百姓的救命之物,彰显了其深厚的社会价值。此外,在丧事之中,一碗碗热气腾腾的麦粥或麦屑粥,更是寄托了对逝者的无尽哀思与怀念。魏晋南北朝的粥文化,不仅是对美食的颂歌,更是对生命与情感的深深礼赞。

简文见稻不识,问是何草,左右答是稻①。简文还,三日不出,云:"宁有赖其末而不识其本?"(《世说新语·尤悔》)

【注释】

①左右:身边的人。

煮杏酪粥法：用宿矿麦；其春种者，则不中。预前一月事麦：折令精，细簸①，拣作五六等；必使别均调，勿令粗细相杂，其大如胡豆者，粗细正得所。曝令极干。如上治釜讫，先煮一釜粗粥，然后净洗用之。打取杏仁，以汤脱去黄皮，熟研。以水和之，绢滤取汁；汁唯淳浓便美，水多则味薄。

用干牛粪燃火，先煮杏仁汁。数沸，上作豚脑皱②，然后下矿麦米。唯须缓火。以匕徐徐搅之，勿令住。煮令极熟，刚淖得所，然后出之。预前多买新瓦盆子，容受二斗者，抒粥著盆子中，仰头勿盖。粥色白如凝脂，米粒有类青玉。停至四月八日亦不动。渝釜③，令粥黑；火急，则燋苦；旧盆，则不渗水；覆盖，则解离。其大盆盛者，数捲亦生水也。（《齐民要术·卷九醴酪第八十五》）

【注释】

①细簸：仔细过筛。

②上作豚脑皱：出现猪脑状的褶皱。

③渝釜：变色的锅。

切面粥一名棋子面、䐈䑌粥法：刚溲面①，揉令熟。大作剂；按饼，粗细如小指大，重萦于干面中。更按，如粗箸大。截断，切作方棋。

簸去勃②，甑里蒸之。气馏勃尽；下，著阴地净席上，薄摊

令冷。拨散，勿令相黏。袋盛举置。须即汤煮，别作臛浇③，坚而不泥。冬天一作，得十日。(《齐民要术·卷九饼法第八十二》)

【注释】

①刚溲面：把面和得干硬些。

②簸去勃：把面块上粘的干粉筛掉。

③臛(huò)浇：肉汤。

来之不易的饭

南北朝时期，饭食是人们餐桌上不可或缺的主角。其原料主要以粟、麦等谷物为主，经过精心的蒸煮，化作一道道美味的佳肴。在古籍的记载中，粟饭、麦饭、稻饭、豆饭、雕胡饭等名目繁多，尽显当时饮食文化的丰富多彩。粟米饭，是人们日常餐桌上的常见之物，其烹饪方式，多以蒸煮为主，简单而直接，却也能展现出食物的原始风味。尽管粟米饭在当时被视为"粗食"，但因其原料的多样性，使得其风味千变万化。

社会地位和经济状况的差异，使得人们对粟米饭的享受也有所不同。社会上层或是经济富裕的家庭，能够享受到更为精细加工的精白粱米饭，其米粒晶莹如玉，口感滑嫩。而普通百姓，虽无此等奢华，但他们用简单的脱壳粟米，经过蒸煮，也能做出美味可口的"脱粟饭"或"粝饭"。这些饭食，虽无华丽的外表，却是他们生活的真实写照。

吴郡陈遗，家至孝。母好吃铛底焦饭，遗作郡主簿，恒装一囊，每煮食，辄贮录焦饭，归以遗母。后值孙恩贼出吴郡，袁府君即日便征。遗已聚敛得数斗焦饭，未展归家，遂带以从军。战于沪渎①，败，军人溃散，逃走山泽，皆多饥死，遗独以焦饭得活。（《世说新语·德行》）

【注释】

①沪渎：古水名。指吴淞江下游近海处一段。

宾客诣陈太丘宿，太丘使元方、季方炊。客与太丘论议，二人进火，俱委而窃听，炊忘著箅①，饭落釜中。太丘问："炊何不馏②？"元方、季方长跪曰："大人与客语，乃俱窃听，炊忘著箅，饭今成糜③。"太丘曰："尔颇有所识不？"对曰："仿佛志之。"二子俱说，更相易夺④，言无遗失。太丘曰："如此，但糜自可，何必饭也！"（《世说新语·夙惠》）

【注释】

①箅（bì）：蒸饭的工具。

②馏：把食物蒸熟。

③糜：粥。

④更相：互相。易夺：改正补充。

作粟飧法：舂米欲细而不碎。碎则浊而不美。讫即炊；经宿则涩。淘必宜净。十遍已上弥佳。香浆和暖水，浸馈少时①，以手按无令有块。复小停②，然后壮。凡停馈，冬宜久，夏少时；盖以人意消息之。若不停馈，则饭坚也。

投飧时，先调浆令甜酢适口，下热饭于浆中，尖出便止。宜少时住，勿使挠搅，待其自解散，然后捞盛，飧便滑美。若下饭即搅，令饭涩。(《齐民要术·卷九飧饭第八十六》)

【注释】

①馈(fēn)：半熟的饭。

②停：留下，放一会儿。

作寒食浆法：以三月中，清明前，夜炊饭。鸡向鸣，下熟热饭于瓮中，以向满为限。数日后，便酢，中饭。因家常炊次，三四日，辄以新炊饭一碗酘之。每取浆，随多少即新汲冷水添之。讫夏，飧浆并不败而常满，所以为异。以二升，得解水一升。水冷清俊，有殊于凡。令夏月饭瓮井口边无虫法：清明节前二日夜，鸡鸣时，炊黍熟，取釜汤遍洗井口瓮边地，则无马蚿①，百虫不近井瓮矣。甚是神验。(《齐民要术·卷九飧饭第八十六》)

【注释】

①马蚿(xián)：虫名，多足类的节肢动物，会损害农作物。

《食经》曰：作面饭法：用面五升，先干蒸，搅使冷。用水一升。留一升面，减水三合；以七合水，溲四升面，以手擘解。以饭一升面粉；粉干，下，稍切取①，大如栗颗。讫②，蒸熟。下著筛中，更蒸之。(《齐民要术·卷九飧饭第八十六》)

【注释】

①稍切取：随便切切。

②讫：完成，这里指切完。

作粳米糗糒法①：取粳米汰洒作饭②，曝令燥。捣细，磨。粗细作两种折。(《齐民要术·卷九飧饭第八十六》)

【注释】

①糗糒（qiǔ bèi）：干粮。糗，炒熟的米麦。糒，干饭，干粮。

②汰洒：汰是清洗，洒是洗洒。

粳米枣糒法：炊饭熟烂，曝令干，细筛。用枣蒸熟，迮取膏，溲糒①。率：一升糒，用枣一升。(《齐民要术·卷九飧饭第八十六》)

【注释】

①溲糒：和进干饭粉中。

菰米饭法①：菰谷，盛韦囊中。捣瓷器为屑，勿令作末，内

韦囊中,令满。板上揉之,取米。一作,可用升半。炊如稻米。(《齐民要术·卷九飧饭第八十六》)

【注释】

①菰米:菰是一种禾本科植物,即"茭白",可用作粮食作物。

胡饭法:以酢瓜菹,长切;将炙肥肉,生杂菜,内饼中,急卷卷用。两卷三截,还令相就,并六断。长不过二寸。别奠飘齑随之①。细切胡芹,奠下酢中,为"飘齑"。(《齐民要术·卷九飧饭第八十六》)

【注释】

①齑(jī):用醋、酱拌和,切成碎末的菜或肉。

《食次》曰:折米饭,生涽,用冷水。用虽好,作甚难。蒯苦怪反米饭蒯者①,背洗米令净也。(《齐民要术·卷九飧饭第八十六》)

【注释】

①蒯(kuǎi):洗米,使米洁净。

美味的秘密：调料

必不可少的盐

　　盐是烹饪过程中不可或缺的调味品，素来有着"百味之王"之称。我国早在上古时期就有关于古代先民使用盐来调味的记载，如《尚书》中："若作和羹，尔惟盐梅。"起初，人们仅仅依靠天然的卤水，也就是海水进行简单调味，后来才渐渐掌握制盐的方法。到了魏晋时期，制盐工艺臻于成熟，北魏贾思勰的农学著作《齐民要术》中便记载了造常满盐、花盐、印盐的方法，不仅详细记录了制盐的步骤，并且包含了注意事项，将制法精确到用料与用量上。人们还在使用盐的过程中发现了它的神奇功效，如保存尸体、治疗疾病等。除此之外，盐还能充当贡品、抵赋税，被誉为"国之大宝"。

造常满盐法：以不津瓮①，受十石者一口②，置庭中石上。

以白盐满之。以甘水沃之③；令上恒有游水。须用时，挹取④，煎即成盐。还以甘水添之；取一升，添一升。日曝之，热盛，还即成盐，永不穷尽。风尘阴雨，则盖；天晴净，还仰。若用黄盐咸水者，盐汁则苦，是以必须白盐甘水。

造花盐、印盐法：五六月中，旱时，取水二斗，以盐一斗投水中，令消尽，又以盐投之。水咸极，则盐不复消融。易器淘治沙汰之⑤。澄去垢土，泻清汁于净器中。盐淬甚白，不废常用；又一石还得八半汁，亦无多损。好日无风尘时，日中曝令成盐。浮，即接取，便是"花盐"；厚薄光泽似钟乳。久不接取，即成"印盐"：大如豆，正四方，千百相似。成印辄沉，漉取之⑥。花、印二盐，白如珂雪，其味又美。(《齐民要术·卷八常满盐、花盐第六十九》)

【注释】

①不津瓮：完好无损且不渗漏的坛状容器。

②十石(shí)：容量单位，十斗为一石。

③甘水：质味美好的水。

④挹：舀，盛出来。

⑤汰：淘洗，清洗。

⑥漉：过滤。

世祖南伐，遣李孝伯赐刘义恭等盐各九种，并胡鼓①。孝伯曰：有后诏：凡此盐各有所宜。白盐、食盐，主上自所食；黑盐，治腹胀气满,末之六铢②,以酒下;胡盐,治目痛;戎盐,治诸疮;赤盐、驳盐、臭盐、马齿盐四种,并非食盐。(《太平御览·后魏书》)

【注释】

①胡鼓:古代北方民族乐器。

②六铢:四分之一两。

景后又宴集其党,又召僧通。僧通取肉搵盐以进景①,问曰:"好不?"景答:"所恨太咸。"僧通曰:"不咸则烂臭。"果以盐封其尸。(《太平御览·梁书》)

【注释】

①搵:揩拭。

房景伯母亡,居丧不食盐菜,因此遂为水病①,积年不愈。(《太平御览·北齐书》)

【注释】

①水病:水肿病。

高昌国遣使贡盐二颗,颗大如斗状,白似玉。帝以其自万里绝域而来献,数年方达,命杰公迓之①,谓其使曰:"盐一颗是南烧羊山月望收之者②,一是北烧羊山非月望收之者。"使者具陈:"盐,奉王急命,故非时尔。"因问紫盐、碧珀,云"中路遭北凉所夺，不敢言之"。帝问杰曰公群物之异，对曰："南烧羊山盐文理粗，北烧羊山盐文理密。月望收之者，明彻如冰，以毡橐煮之可验③。交河之间，平碛中，掘深数尺，有末盐，如红如紫，色鲜味甘，食之止痛。更深一丈，下有碧珀，黑逾纯漆，或大如车轮，末而食之，攻妇小人腹症瘕诸疾。彼国珍异，必当致贡，是以知之。"(《太平御览·梁四公子记》)

【注释】

①迓：迎接。

②月望：满月。

③橐：鼓风吹火器。

鱼、盐、铜、铁、丹、漆、茶、蜜，灵龟、巨犀、山鸡、白雉、黄润、鲜粉，皆纳贡之。(《华阳国志·卷十二》)

夫盐，国之大宝也。自乱以来放散，宜如旧置使者监卖，以其直益市犁牛，若有归民，以供给之。(《太平御览·魏志》)

汉令哀牢民家出盐一斛以为赋①。(《太平御览·魏略》)

【注释】

①斛：计量单位。十斗为一斛。

朱桓卒，家无余财。孙权赐盐五千斛，以周丧事①。(《太平御览·吴志》)

【注释】

①周：周济。

工艺复杂的酱

我国自古以来就拥有着悠久的制酱传统，"酱"这一调味品在《论语》和《礼记》等古典文献中早已留下了浓墨重彩的一笔。而《史记》中所提及的"酱"，更是成为市场上的热销商品，足见汉初时期酱的制作已颇具规模。

北魏贾思勰所著的《齐民要术》中，不仅详细记录了作酱的古老方法，更是现存最早的酱制工艺文献。在这部农学巨著中，我们得以窥见古人如何以黄豆为原料，精心酿造出醇厚浓郁的豆酱；书中又细致描述了如何运用各种肉类，如猪肉、鱼肉、虾肉等，制作出风味各异的肉酱、鱼酱、虾酱等。古代的酱多以动物性蛋白质为主要原料，而所有这些酱的制作，都离不开黄衣、黄蒸或曲末这些神奇的引子。它们促使蛋白质在水的滋润下分解，转化为可溶性的氨基酸，从而为酱赋予了令人陶醉的鲜美滋味。

十二月正月，为上时；二月为中时；三月为下时。用不津瓮：

瓮津则坏酱。常为菹酢者,亦不中用之。置日中高处石上。夏雨,无令水浸瓮底。以一铤锹(一本作"生缩")铁钉子,背岁杀钉著瓮底石下。后虽有妊娠妇人食之,酱亦不坏烂也。

用春种乌豆,春豆粒小而均;晚豆粒大而杂。于大甑中燥蒸之^①。气馏半日许。复贮出,更装之^②;回在上居下,不尔,则生熟不多调均也。气馏周遍。以灰覆之,经宿无令火绝。取干牛屎,圆累,令中央空,然之不烟,势类好炭。若能多收,常用作食,既无灰尘,又不失火,胜于草远矣。啮^③,看:豆黄四色黑极熟,乃下,日曝取干。夜则聚覆,无令润湿。临欲舂去皮^④,更装入甑中,蒸,令气馏则下。一日曝之。明旦起,净簸,择;满臼舂之而不碎^⑤。若不重馏,碎而难净。簸,拣去碎者。作热汤,于大盆中浸豆黄。良久,淘汰,挼去黑皮,汤少则添;慎勿易汤!易汤则走失豆味,令酱不美也。漉而蒸之。淘豆汤汁,即煮碎豆,作酱,以供旋食。大酱则不用汁。一炊顷,下,置净席上,摊令极冷。(《齐民要术·卷八作酱法第七十》)

【注释】

①甑(zèng):蒸锅。

②更装之:换过来装。

③啮(niè):咬。

④舂(chōng):用杵臼捣去谷物的皮壳。

⑤臼(jiù):舂米器。

预前，日曝白盐、黄蒸、草蒿居恤反①、麦曲，令极干燥。盐色黄者，发酱苦；盐若润湿，令酱坏。黄蒸令酱赤美；草蒿令酱芬芳。蒿，挼、簸去草土②；曲及黄蒸，各别捣末，细筛③；马尾罗弥好④。

大率：豆黄三斗，曲末一斗，黄蒸末一斗，白盐五升，蒿子三指一撮⑤。盐少令酱酢；后虽加盐，无复美味。其用神曲者，一升当笨曲四升，杀多故也。豆黄堆量，不概；盐曲轻量，平概。三种量讫，于盆中，面向"太岁"和之⑥，向太岁，则无蛆虫也。搅令均调；以手痛挼，皆令润彻。亦面向太岁，内著瓮中。手挼令坚，以满为限。半则难熟。盆盖密泥，无令漏气。（《齐民要术·卷八作酱法第七十》）

【注释】

①草蒿（jú）：菜名，种子可作香料。

②挼（ruó）：揉搓，摩挲。

③筛（shāi）：即"筛"。

④马尾罗：用马尾毛做的筛子。

⑤三指一撮：用三指抓取的分量。撮，抓取。

⑥太岁：古代天文学中为纪年方便而假设的星名。

熟便开之。腊月，五七日；正月、二月，四七日；三月，三七日。当纵横裂，周回离瓮，彻底生衣。悉贮出，搦破块①，两瓮分为三瓮。日未出前，汲井花水②，于盆中以燥盐和之。率：

食在魏晋 191

一石水,用盐三斗,澄取清汁。又取黄蒸,于小盆内减盐汁浸之。挼取黄渖③,漉去滓,合盐汁泻著瓮中。率:十石酱,用黄蒸三斗。盐水多少,亦无定方;酱如薄粥便止。豆干,饮水故也。(《齐民要术·卷八作酱法第七十》)

【注释】

①搦(nuò)破块:捏破成块。

②井花水:清早从井里第一次汲出来的水。

③挼取黄渖(shěn):即用手搓揉,挤出黄汁。渖,汁。

仰瓮口曝之。谚曰:"萎蕤葵①,日干酱",言其美矣。十日内,每日数度,以杷彻底搅之。十日后,每日辄一搅。三十日止。雨,即盖瓮,无令水入!水入则生虫。每经雨后,辄须一搅解。后二十日,堪食;然要百日始熟耳。(《齐民要术·卷八作酱法第七十》)

【注释】

①萎蕤(ruí)葵:葵菜被太阳晒得软塌塌的样子。蕤,草木纷披下垂的样子。

肉酱法:牛、羊、獐、鹿、兔肉,皆得作。取良杀新肉,去脂细锉①。陈肉干者不任用。合脂,令酱腻。晒曲令燥,熟捣绢筛。大率:肉一斗,曲末五升,白盐二升半,黄蒸一升。曝干,熟捣,绢筛②。盘上和令均调,内瓮子中,有骨者,和讫先捣,然后盛之。骨多髓,既肥腻,酱亦然也。泥封日曝。寒月作之。宜埋之于黍穰积中③。二七日,开看;酱出,无曲气,便熟矣。买新杀雉④,煮之令极烂,肉销尽,去骨,取汁。待冷,解酱。鸡汁亦得。勿用陈肉,令酱苦腻。无鸡雉,好酒解之。还著日中。

(《齐民要术·卷八作酱法第七十》)

【注释】

①细锉:切成细末。

②绢筐:丝竹之器,用于过滤。

③黍穰:黍糠堆。

④雉(zhì):雉科类鸟的统称。俗称野鸡。

作卒成肉酱法①:牛、羊、獐、鹿、兔肉、生鱼②,皆得作。细锉肉一斗,好酒一斗,曲末五升,黄蒸末一升,白盐一升。曲及黄蒸,并曝干,绢筐。唯一月三十日停,是以不须咸,咸则不美。盘上调和令均,捣使熟,还擘碎如枣大。作浪中坑,火烧令赤。去灰,水浇,以草厚蔽之,令坩中才容酱瓶③。大釜中,汤煮空瓶令极热;出,干。掬肉内瓶中④,令去瓶口三寸许。满则近口者燋。碗盖瓶口,熟泥密封。内草中,下土。厚七八寸。土薄火炽,则令酱燋⑤。熟迟,气味美好。燋是以宁冷不燋,食虽便不复中食也。于上燃干牛粪火,通夜勿绝。明日周时,酱出便熟。若酱未熟者,还覆置,更燃如初。临食,细切葱白,著麻油炒葱,令熟,以和肉酱,甜美异常也。(《齐民要术·卷

食在魏晋 193

八作酱法第七十》)

【注释】

①卒：仓卒，匆卒，急速。

②生鱼：新鲜的鱼。

③坩（gān）：坑穴。

④掬（jū）：两手相合捧物。

⑤令：引起。

作鱼酱法：鲤鱼鲭鱼第一好①；鳢鱼亦中。鲚鱼、鲇鱼即全作，不用切。去鳞，净洗，拭令干。如脍法，披破缕切之②。去骨。大率：成鱼一斗，用黄衣三升，一升全用，二升作末。白盐二升，黄盐则苦。干姜一升，末之。橘皮一合，缕切之。和令调均，内瓮子中，泥密封，日曝。勿令漏气。熟，以好酒解之。

凡作鱼酱、肉酱，皆以十二月作之，则经夏无虫。余月亦得作，但喜生虫，不得度夏耳。(《齐民要术·卷八作酱法第七十》)

【注释】

①鲭（qīng）：青鱼。

②披破缕切：破开，切成条。

干鲚鱼酱法：一名刀鱼。六月、七月，取干鲚鱼，盆中水浸，置屋里。一日三度易水，三日好，净。漉、洗，去鳞，全作勿切。

宋·佚名 《荷塘双鹅图》

宋·林椿 《枇杷山鸟图》(绢本)

宋·林椿 《果熟来禽图页》(绢本)

南宋·孙隆 《兔图》

率：鱼一斗，曲末四升，黄蒸末一升。无蒸，用麦糵末，亦得。白盐二升半。于槃中和令均调①。布置瓮子，泥封，勿令漏气。二七日便熟。味香美，与生者无殊异。(《齐民要术·卷八作酱法第七十》)

【注释】

①槃（pán）：同"盘"，木盘，古代盛水器皿。

《食经》作麦酱法：小麦一石，渍一宿，炊。卧之，令生黄衣。以水一石六斗，盐三升，煮作卤。澄取八斗，著瓮中，炊小麦投之，搅令调均。覆著日中，十日可食。

作榆子酱法：治榆子人一升①，捣末，筛之。清酒一升，酱五升，合和。一月可食之。(《齐民要术·卷八作酱法第七十》)

【注释】

①人：现在写作"仁"，从前都用"人"字。

又鱼酱法：成脍鱼一斗①，以曲五升，清酒二升，盐三升，橘皮二叶，合和。于瓶内封。一日可食，甚美。(《齐民要术·卷八作酱法第七十》)

【注释】

①成脍鱼：切成碎末的鱼。

作虾酱法：虾一斗，饭三升为糁①。盐二升，水五升，和调，

日中曝之。经春夏不败。(《齐民要术·卷八作酱法第七十》)

【注释】

①糁(sǎn)：指用饭粒掺和其他食物制成的食品。

作燥脠法①：羊肉二斤，猪肉一斤，合煮令熟，细切之。生姜五合，橘皮两叶，鸡子十五枚，生羊肉一斤，豆酱清五合②。先取熟肉，著甑上蒸，令热；和生肉。酱清、姜、橘皮和之。(《齐民要术·卷八作酱法第七十》)

【注释】

①燥脠(shān)：肉酱。

②豆酱清：酱油。

崔寔曰："正月可作诸酱，肉酱、清酱。""四月立夏后，鲷鱼作酱。""五月可为酱：上旬䴷楚狡切豆，中庚煮之①。以碎豆作末都②。至六七月之交，分以藏瓜。""可作鱼酱。"(《齐民要术·卷八作酱法第七十》)

【注释】

①中庚：中旬逢庚的一天。

②末都：酱名。

酢

"酢",即今日我们所称的"醋",其深厚的文化底蕴在《齐民要术》中得到了淋漓尽致的展现。这部古代农学巨著中,详细记载了酿醋的多种精妙方法。它们是通过使用酒曲,促使炊熟的粮食,包括粟米、秫米、大小麦、糯米、黍米麸皮等经历酒精发酵,再借助醋酸细菌的天然力量,将酒精巧妙地转化为醋酸。

这种"正统"的酿醋方法,正是古人智慧的结晶。在古代的烹饪中,由于醋的获得难度较大,一般情况下很少使用它来进行调味。相比之下,人们更乐意选择比较常见的盐藏的梅子来进行调味。

凡醋瓮下,皆须安砖石,以离湿润。为妊娠妇人所坏者,车辙中干土末一掬著瓮中,即还好。

作大酢法:七月七日取水作之。大率麦䴰一斗,勿扬簸!水三斗,粟米熟饭三斗,摊令冷。任瓮大小,依法加之,以满为限。先下麦䴰,次下水,次下饭,直置勿搅之。以绵幕瓮口,拔刀横瓮上。一七日旦,著井花水一碗[①];三七日旦,又著一碗,便熟。常置一瓠瓢于瓮,以挹酢[②]。若用湿器咸器内瓮中,则坏酢味也。(《齐民要术·卷八作酢法第七十一》)

【注释】

①井花水：新打的井水。

②挹（yì）：酌，以瓢舀取。

又法：亦以七月七日取水。大率：麦䴰一斗，水三斗。粟米熟饭三斗。随瓮大小，以向满为度。水及黄衣①，当日顿下之。其饭，分为三分：七日初作时，下一分；当夜即沸。又三七日，更炊一分，投之。又三日，复投一分。但绵幕瓮口，无横刀益水之事。溢即加瓯。

又法：亦七月七日作。大率：麦䴰一升，水九升，粟饭九升。一时顿下，亦向满为限。绵幕瓮口，三七日熟。

前件三种酢，例清少淀多。至十月中，如压酒法，毛袋压出，则贮之。其糟别瓮水澄，压取先食也。（《齐民要术·卷八作酢法第七十一》）

【注释】

①黄衣：用以酿酒和制酱用的蒸熟的淀粉制品在发酵过程中表面所生的霉尘。

秫米神酢法①：七月七日作。置瓮于屋下。大率：麦䴰一斗，水一石，秫米三斗。无秫者，黏黍米亦中用。随瓮大小，以向满为限。先量水，浸麦䴰讫。然后净淘米，炊为再馏，摊令冷，细擘曲破，勿令有块子。一顿下酿，更不重投。又以手就瓮里，搦破小块，痛搅②，令和如粥乃止。以绵幕口③。一七日，一搅；二七日，一搅；三七日，亦一搅。一月日极熟。十石瓮，不过五斗淀；得数年停，久为验。其淘米泔，即泻去；勿令狗鼠得食。馈黍亦不得人啖之④。（《齐民要术·卷八作酢法第七十一》）

【注释】

①秫（shú）：黏米。

②痛搅：用力搅拌。

③以绵幕口：用丝绵蒙住瓮口。

④馈：即蒸饭，煮米半熟用箄漉出再蒸熟。

粟米曲作酢法：七月、三月向末为上时，八月四月亦得作。大率：笨曲末一斗，井华水一石①，粟米饭一石。明旦作酢，今夜炊饭，薄摊使冷。日未出前，汲井花水，斗量著瓮中。量饭著盆中或栲栳中②，然后写饭著瓮中。写时直倾之，勿以手拨饭。尖量曲末，写著饭上。慎勿挠搅！亦勿移动！绵幕瓮口。三七日熟。美酽少淀③，久停弥好。凡酢未熟，已熟而移瓮者，率多坏矣。熟则无忌。接取清，别瓮著之。（《齐民要术·卷八作酢法第七十一》）

【注释】

①井华水：即井花水。

②栲栳：柳条做的模具。

③美酽：味道好，香气浓郁。

秫米酢法：五月五日作，七月七日熟。入五月，则多收粟米饭醋浆，以拟和酿，不用水也。浆以极醋为佳。末干曲，下绢筛，经用。粳秫米为第一，黍米亦佳。米一石，用曲末一斗，曲多则醋不美。米唯再馏，淘不用多遍。初淘，浉汁[①]，写却；其第二淘泔[②]，即留以浸馈，令饮泔汁尽，重装，作再馏饭。下，掸去热气，令如人体，于盆中和之；擘破饭块，以曲拌之，必令均调。下醋浆更搦破[③]，令如薄粥。粥稠则酢尠，稀则味薄。内著瓮中，随瓮大小，以满为限。七日间，一日一度搅之；七日以外，十日一搅；三十日止。初置瓮于北荫中风凉之处，勿令见日。时时汲冷水，遍浇瓮外，引去热气；但勿令生水入瓮中。取十石瓮，不过五六斗糟耳。接取清，别瓮贮之，得停数年也。
(《齐民要术·卷八作酢法第七十一》)

【注释】

①浉汁：淘米水。

②淘泔：淘米的泔水。

③搦破：捏破、捏散。

大麦酢法：七月七日作。若七日不得作者，必须收藏：取七日水，十五日作。除此两日，则不成。于屋里，近户里边，置瓮。大率：小麦䴷一石，水三石，大麦细造一石，不用作米，则科䉪，是以用造。簸讫，净淘，炊作再馏饭。掸令小暖，如人体。下酿,以杷搅之。绵幕瓮口。三日便发;发时数搅,不搅则生白醭①;生白醭则不好。以棘子彻底搅之。恐有人发落中,则坏醋。凡醋悉尔;亦去发则还好。六七日,净淘粟米五升,米亦不用过细,炊作再馏饭。亦捺如人体投之。杷搅绵幕。三四日,看:米消,搅而尝之。味甜美则罢;若苦者,更炊二三升粟米投之。以意斟量。二七日可食;三七日好,熟。香美淳酽②,一盏醋和水一碗,乃可食之。八月中,接取清,别瓮贮之。盆合泥头,得停数年。未熟时,二日三日,须以冷水浇瓮外,引去热气。勿令生水入瓮中。若用黍秫米投弥佳,白仓粟米亦得③。(《齐民要术·卷八作酢法第七十一》)

【注释】

①醭(bú):醋上面长的白色"菌皮"。

②酽(yàn):汁液浓厚。

③白仓粟米:白色和黄白色的粟米。

烧饼作酢法:亦七月七日作。大率:麦䴬一斗,水三斗,亦随瓮大小,任人增加。水,䴬亦当日顿下。初作日,软溲数升面,作烧饼。待冷下之。经宿,看饼渐消尽,更作烧饼投。凡四五度投,当味美沸定,便止。有薄饼缘。诸面饼,但是烧煿者①,皆得投之。(《齐民要术·卷八作酢法第七十一》)

【注释】

①煿(bó):烤熟。

回酒酢法：凡酿酒失所味醋者，或初好后动未压者，皆宜回作醋。大率：五石米酒醅①，更著曲末一斗，麦一斗，井花水一石。粟米饭两石，掸令冷如人体投之。杷搅，绵幕瓮口，每日再度搅之。春夏七日熟，秋冬稍迟，皆美香清澄。后一月，接取，别器贮之。

动酒酢法：春酒压讫而动②，不中饮者，皆可作醋。大率：酒一斗，用水三斗，合，瓮盛，置日中曝之。雨，则盆盖之，勿令水入；晴还去盆。七日后，当臭，衣生，勿得怪也。但停置勿移，挠搅之。数十日，醋成衣沉③，反更香美。日久弥佳。

又方：大率酒两石，麦䴬一斗，粟米饭六斗，小暖投之。杷搅，绵幕瓮口，二七日熟，美酽殊常矣。（《齐民要术·卷八作酢法第七十一》）

【注释】

①酒醅：带渣的酒。

②压讫：把酒压出来。

③衣沉：表面的菌皮下沉。

神酢法：要用七月七日合和。瓮须好，蒸干。黄蒸一斛，熟蒸麸三斛①。凡二物，温温暖便和之。水多少，要使相淹渍。水多则酢薄，不好。瓮中卧，经再宿。三日便压之如压酒法。压讫，澄清内大瓮中。经二三日，瓮热，必须以冷水浇之；不尔酢坏。其上有白醭浮②,接去之。满一月,酢成,可食。初熟,忌浇热食;犯之必坏酢。若无黄蒸及麸者,用麦䴷一石,粟米饭三斛,合和之,方与黄蒸同。盛置如前法。瓮常以绵幕之,不得盖。(《齐民要术·卷八作酢法第七十一》)

【注释】

①麸:指麦麸。

②白醭:表面生成的白色菌丝。

作糟糠酢法:置瓮于屋内。春秋冬夏,皆以穰茹瓮下①;不茹则臭。大率:酒糟粟糠中半,粗糠不任用,细则泥;唯中间收者佳。和糟糠,必令均调,勿令有块。先内荆竹篿于瓮中②,然后下糠糟于篿外,均平,以手按之;去瓮口一尺许便止。汲冷水,绕篿外均浇之,候篿中水深浅半糟便止。以盖覆瓮口。每日四五度,以碗挹取篿中汁,浇四畔糠糟上。三日后,糟熟,发香气。夏七日,冬二七日,尝,酢极甜美,无糟糠气,便熟矣。犹小苦者,是未熟;更浇如初。候好熟,乃挹取篿中淳浓者,别器盛。更汲冷水浇淋,味薄乃止。淋法,令当日即了。糟任饲猪。其初挹淳浓者,夏得二十日,冬得六十日。后淋浇者,止得三五日供食也。(《齐民要术·卷八作酢法第七十一》)

【注释】

①穰茹:用秸秆包住。

②竹篿:竹子做的长筒形滤酒器。

食在魏晋

豆豉

在古老的岁月中，人们巧妙地利用空气中的曲菌，为熟豆中的蛋白质赋予新的生命。这些微小的曲菌将豆中的蛋白质分解为丰富的营养，当分解达到理想的程度，智慧的匠人们便以高温、干燥之术，将曲菌封印停止分解。所得的半分解熟豆与蛋白质分解产物，经过精心的干燥或半干燥处理，便被妥善地保存下来。在这一过程中，蛋白质中的某些成分与氧气发生反应，生成了名为"黑素类"的物质，赋予了豆制品深沉而独特的黑色。这种经过复杂酿造制成的珍品，人们称之为"豉"。

早在西汉初年，制作豉的技艺已广泛流传。然而，对豉的制作方法进行详细、准确的记载，则要归功于《齐民要术》这部古代农业巨著。书中收录了四种制作豉的方法。首先，书中详细描述了大规模制作淡豆豉的工艺流程：从场地的准备，到选取最佳的制豉时间，再到对豆子的精挑细选；在豆子的发酵过程中，如何巧妙地翻动、堆积，以达到最佳的发酵效果；最后，如何将发酵完成的豆子洗净、窖藏、晾晒，直至成为美味的淡豆豉。整个制作流程中的每一个细节，都被细致地描绘出来,仿佛让读者能够亲临其境,感受到匠人们的精湛技艺。

作豉法①:先作暖荫屋。坎地,深三二尺。屋必以草盖,瓦则不佳。密泥塞屋牖②,无令风及虫鼠入也。开小户,仅得容人出入。厚作藁篱③,以闭户。(《齐民要术·卷八作豉法第七十二》)

【注释】
①豉(chǐ):即豆豉。用煮熟的大豆发酵后制成,用作调味。
②屋牖(yǒu):窗户。
③藁(gǎo)篱:用秸秆编成的草帘。

四月五月为上时,七月二十日后、八月为中时。余月亦皆得作,然冬夏大寒大热,极难调适。

大都每四时交会之际,节气未定,亦难得所。常以四孟月四十日后作者①,易成而好。

大率常欲令温如人腋下为佳。若等不调②,宁伤冷不伤热:冷则穰覆还暖③,热则臭败矣。(《齐民要术·卷八作豉法第七十二》)

【注释】
①四孟月:四季中每季的头一个月。孟月,每个季节开始的第一个月。四,则指四季。

食在魏晋 209

②等：有差别。

③穰：秸秆。

三间屋，得作百石豆。二十石为一聚①。常作者，番次相续，恒有热气，春秋冬夏，皆不须穰覆。作少者，唯至冬月，乃穰覆豆耳。极少者，犹须十石为一聚；若三五石，不自暖，难得所，故须以十石为率。(《齐民要术·卷八作豉法第七十二》)

【注释】

①聚：聚到一起。

用陈豆弥好。新豆尚湿，生熟难均故也。净扬簸，大釜煮之，申舒如饲牛豆①，掐软便止，伤熟则豉烂。漉著净地摊之。冬宜小暖，夏须极冷。乃内荫屋中聚置。一日再入，以手刺豆堆中候：看如人腋下暖，便翻之。

翻法：以杷枕略取堆里冷豆，为新堆之心；以次更略，乃至于尽。冷者自然在内，暖者自然居外。还作尖堆，勿令婆陀②。一日再候，中暖更翻，还如前法作尖堆。若热汤人手者，即为失节伤热矣③。

凡四五度翻，内外均暖，微著白衣；于新翻讫时，便小拨峰头令平，团团如车轮，豆轮厚二尺许，乃止。

复以手候，暖则还翻。翻讫，以杷平豆，令渐薄，厚一尺五寸许。

第三翻一尺，第四翻厚六寸。豆便内外均暖，悉著白衣[4]，豉为粗定[5]。从此以后，乃生黄衣。复掸豆，令厚三寸，便闭户三日。自此以前，一日再入。（《齐民要术·卷八作豉法第七十二》）

【注释】

　　①申舒：豆粒泡水后涨大。

　　②婆陀：坡度斜缓。

　　③失节：超过了限度，也就是失去了调节。

　　④白衣：白色霉菌。

　　⑤粗定：大致粗坯。

　　三日开户。复以杴东西作垄[1]，耩豆[2]，如谷垄形，令稀穊均调[3]。杴铲法，必令至地。豆若著地，即便烂矣。耩遍，以杷耩豆，常令厚三寸。间日耩之。后豆著黄衣，色均足，出豆于屋外，净扬，簸去衣。布豆尺寸之数，盖是大率中平之言矣。冷即须微厚，热则须微薄，尤须以意斟量之。（《齐民要术·卷八作豉法第七十二》）

【注释】

　　①杴（xiān）：翻土用的农具。

　　②耩（jiǎng）：耕地，耘田除草，培土，用耧播种。在这里是指铲、耙豆子的动作。

　　③稀穊：薄厚稀密。

食在魏晋　211

扬簸讫，以大瓮盛半瓮水，内豆著瓮中，以杷急抨之使净。

若初煮豆伤熟者，急手抨净，即漉出；若初煮豆微生，则抨净宜小停之，使豆小软。则难熟，太软则豉烂。水多则难净，是以正须半瓮尔。漉出，著筐中，令半筐许。一人捉筐。一人更汲水，于瓮上就筐中淋之。急抖擞筐，令极净，水清乃止。淘不净令豉苦。

漉水尽，委著席上。先多收谷䅶①。于此时，内谷䅶于荫屋窖中；捃谷䅶作窖底，厚二三尺许。以蘧篨蔽窖②，内豆于窖中。使一人在窖中，以脚蹑豆，令坚实。内豆尽，掩席覆之。以谷埋席上，厚二三尺许，复蹑令坚实。夏停十日，春秋十二三日，冬十五日，便熟。过此以往，则伤苦。日数少者，豉白而用费；唯合熟自然香美矣。若自食欲久留，不能数作者③，豉熟，则出曝之令干，亦得周年。(《齐民要术·卷八作豉法第七十二》)

【注释】

①谷䅶：谷物壳。

②蘧篨：粗竹席。

③数(shuò)：多次。

豉法：难好易坏，必须细意人，常一日再看之。失节伤热①，臭烂如泥，猪狗亦不食；其伤冷者，虽还复暖，豉味亦恶。是以又须留意冷暖，宜适难于调酒。(《齐民要术·卷八作豉法第七十二》)

【注释】

①失节伤热：没有节制好，过热。

如冬月初作者，须先以谷䕸烧地令暖，勿燋①，乃净扫。内豆于荫屋中，则用汤浇黍䅇囊令暖润，以覆豆堆。每翻竟，还以初用黍䅇，周匝覆盖②。若冬作，豉少屋冷，囊覆亦不得暖者，乃须于荫屋之中，内微燃烟火，令早暖。不尔，则伤寒矣。春秋量其寒暖，冷亦宜覆之。每人出，皆还谨密闭户，勿令泄其暖热之气也。（《齐民要术·卷八作豉法第七十二》）

【注释】

①勿燋：不要烧焦。
②周匝：沿着周围。

《食经》作豉法：常夏五月至八月，是时月也。率：一石豆，熟澡之①，渍一宿。明日出蒸之，手捻其皮，破则可。便敷于地。地恶者，亦可席上敷之。令厚二寸许。豆须通冷②。以青茅覆之。亦厚二寸许。

三日视之，要须通得黄为可。去茅，又薄掸之，以手指画之作耕垄。一日再三如此，凡三日，作此可止③。更煮豆取浓汁，并秫米女曲五升；盐五升，合此豉中。以豆汁洒溲之，令调。以手抟④，令汁出指间，以此为度。毕，内瓶；若不满瓶，以矫桑叶满之⑤。勿抑！乃密泥之。中庭二十七日，出，排曝令燥。

更蒸之。时煮矫桑叶汁⑤,洒溲之。乃蒸如炊熟久,可复排之。此三蒸曝,则成。(《齐民要术·卷八作豉法第七十二》)

【注释】

①熟澡:仔细清洗干净。

②通冷:冷透。

③作此可止:作过三天就停止。

④抟(tuán):捏揉成球形。

⑤矫桑:一种可取汁液食用的植物。

作家理食豉法①:随作多少。精择豆,浸一宿,旦炊之;与炊米同。若作一石豉,炊一石豆。熟,取生茅卧之,如作女曲形。

二七日,豆生黄衣。簸去之,更曝令燥。后以水浸令湿,手抟之,使汁出从指歧间出为佳。以著瓮器中。掘地作坎②,令足容瓮器。烧坎中令热,内瓮著坎中。以桑叶盖豉上,厚三寸许。以物盖瓮头令密,涂之。十许日,成;出,曝之,令浥浥然③。又蒸熟;又曝。如此三遍,成矣。(《齐民要术·卷八作豉法第七十二》)

【注释】

①家理:家庭应用。

②坎:低于地面的地穴,即坑。

③浥浥然:半干半湿的状态。

作麦豉法：七月八月中作之；余月则不佳。肠治小麦，细磨为面，以水拌而蒸之。气馏好熟，乃下。掸之令冷，手挼令碎。布置覆盖，一如麦䴷黄蒸法。七日衣足，亦勿簸扬。以盐汤周遍洒润之。更蒸。气馏极熟，乃下。掸去热气，及暖内瓮中，盆盖，于囊粪中燠之①。二七日，色黑、气香、味美便熟。抟作小饼，如神曲形。绳穿为贯，屋里悬之。纸袋盛笼，以防青蝇尘垢之污。用时，全饼著汤中煮之，色足漉出。削去皮粕，还举②。一饼得数遍煮用。热、香、美，乃胜豆豉。打破，汤浸，研用，亦得。然汁浊，不如全煮汁清也。(《齐民要术·卷八作豉法第七十二》)

【注释】

①囊(ráng)粪：即穰秸糠壳作的堆肥。燠(yù)：保热。
②举：提出来。

八和齑

齑乃古法烹饪之技，即将蔬菜捣碎或切碎，此法自先秦时期便已有之。在寻常百姓家，因食材不丰，齑便成了佐餐之常客。想当年，范仲淹少年贫寒，饮食极为简朴，他竟将隔夜的小米粥划成四份，每餐仅食两块，而那腌菜更是细细分割，每餐定量，这便是他一日之餐，因此，"划粥断齑"便成了清贫生活的代名词。

在《齐民要术》这部古代农业百科全书中，我们能找到一道与众不同的八和齑。此齑由蒜、姜、橘皮、白梅、熟栗子肉、粳米饭、盐、醋八种食材精心调配而成，放入臼中捣碎，酸辣香咸，味道丰富。而且齑制作成本较低，寻常百姓也能品尝到这道美味。除了八和齑，书中还介绍了制作鱼脍的注意事项以及两种芥子酱的做法，无不体现了古人对美食的热爱与追求。

八和齑①：蒜一，姜二，橘三，白梅四，熟栗黄五，粳米饭六，盐七，酢八。(《齐民要术·卷八八和齑第七十三》)

【注释】

①齑(jī)：用醋、酱拌和，切成碎末的菜或肉。

齑臼欲重①，不则倾动起尘，蒜复跳出也。底欲平宽而圆。底尖捣不着，则蒜有粗成。以檀木为齑杵臼。檀木硬而不染汗。杵头大小，与臼底相安可。杵头著处广者，省手力而齑易熟，蒜复不跳也。杵长四尺。入臼七八寸圆之；已上，八棱作。平立急春之。春缓则荤臭。久则易人；春齑宜久熟，不可仓卒，久坐疲倦，动则尘起，又辛气荤灼，挥汗或能洒污，是以须立春之。(《齐民要术·卷八八和齑第七十三》)

【注释】

①齑臼：捣齑的容器。

蒜：净剥，掐去强根；不去则苦。尝经渡水者①，蒜味甜美，剥即用。未尝渡水者，宜以鱼眼汤半许，半生用。朝歌大蒜，辛辣异常，宜分破去心，全心用之，不然辣，则失其食味也。生姜：削去皮，细切；以冷水和之，生布绞去苦汁。苦汁可以香鱼羹。无生姜用干姜：五升齑，用生姜一两；干姜则减半两耳。橘皮：新者直用；陈者以汤洗去陈垢。无橘皮，可用草橘子；马芹子亦得用。五升齑，用一两草橘；马芹准此为度。姜橘，取其香气②，不须多；多则味苦。(《齐民要术·卷八八和齑第七十三》)

【注释】

①渡水：焯过水。

②香：作动词用，即加入香料。

作白梅法：梅子酸。核初成时，摘取，夜以盐汁渍之，昼则日曝。凡作十宿，十浸，十曝便成。调鼎和齑，所在多入也。

作乌梅法：亦以梅子核初成时摘取，笼盛①，于突上熏之，令干，即成矣。乌梅入药，不任调食也。

《食经》曰："蜀中藏梅法：取梅极大者，剥皮阴干，勿令得风。经二宿，去盐汁，内蜜中。月许更易蜜，经年如新也。"作杏李麨法：杏李熟时，多收烂者，盆中研之；生布绞取浓汁，涂盘中，日曝干，以手磨刮取之。可和水浆及和米麨，所在入意也。(《齐民要术·卷四种梅杏第三十六》)

【注释】

①笼盛：用笼子装起来。

先捣白梅、姜、橘皮为末，贮出之。次捣栗、饭，使熟，以渐下生蒜，蒜顿难熟，故宜以渐；生蒜难捣，故须先下。春令熟。次下㵎蒜①。䪞熟，下盐，复春令沫起。然后下白梅、姜、橘末；复春，令相得。(《齐民要术·卷八八和齑第七十三》)

【注释】

①㵎蒜：烫熟了的蒜。

《食经》曰：冬日，橘蒜䪞；夏日，白梅蒜䪞。肉脍不用梅。

作芥子酱法：先曝芥子令干。湿则用不密也。净淘沙，研令极熟。多作者，可碓捣①，下绢筛，然后水和更研之也。令悉著盆。合著扫帚上，少时，杀其苦气②。多停，则令无复辛味矣；不停，则太辛苦。抟作丸子，大如李，或饼子，任在人意也。复干曝，然后盛以绢囊，沉之于美酱中。须，则取食。(《齐民要术·卷八八和齑第七十三》)

【注释】

①碓(duì)：舂米的工具。

②杀(shà)：减少。

《食经》作芥酱法：熟捣芥子，细筛。取屑，著瓯里，蟹眼汤洗之①。澄，去上清，后洗之。如此三过，而去其苦。微火上搅之，少熇②。覆瓯瓦上，以灰围瓯边，一宿则成。以薄酢解，厚薄任意。(《齐民要术·卷八八和齑第七十三》)

【注释】
①蟹眼汤：快开的水，冒出蟹眼大小的泡。
②熇(hè)：火热也。即烤得很烫。

糖

早在魏晋时期，人们就已经发现了糖的特性。《异物志》中描绘的甘蔗，醇厚甘美，自根至梢，粗细匀称，味道如一。它的茎干粗壮如竹，数尺之围，丈余之长，仿佛是自然赋予的甜蜜诗篇。

古人对于甘蔗的食用，早已超越了简单的咀嚼，而是将其精髓榨取出来，酿成琼浆玉液。这甜美的汁液，经过熬煮、浓缩、晾晒，最终凝结成晶莹剔透的石蜜。只需轻轻一咬，便在口中溶化。在魏晋的风雅之士眼中，这石蜜不仅是味蕾的盛宴，更是生活的雅趣。他们将其用于烹饪美食，为佳肴增添一抹甜蜜；

也将其用作药物，以润肺止咳、补中益气。糖的存在，为魏晋时期的生活增添了一抹别样的色彩。

《异物志》曰："甘蔗，远近皆有。交趾所产甘蔗，特醇好，本末无薄厚，其味至均。围数寸，长丈余，颇似竹。斩而食之既甘；迮取汁如饴饧，名之曰'糖'，益复珍也。又煎而曝之，既凝如冰，破如砖其①，食之，入口消释，时人谓之'石蜜'者也。"(《齐民要术·卷十甘蔗》)

【注释】
　　①砖其：琉璃制的棋子。

齿颊留香的水果

瓜

在魏晋的盛世之下，农耕技术的精进与人口迁徙的波澜，共同孕育了水果品类的繁盛，极大地丰富了当时人们的饮食生活。据《齐民要术》所载，中原之地枣、桃、樱桃、葡萄、李子、梅子、杏、石榴、木瓜、茱萸等琳琅满目，而中原之外更有枇杷、甘蔗、杨梅、龙眼、荔枝、益智、芭蕉等珍果异品。这些果实不仅滋养了人们的味蕾，更成为那个时代文化的象征。

当时，果树种植蔚然成风，不仅民间百姓热衷于园艺，宗室贵族亦纷纷投身其中，竞相栽植。京师之中，许多名品果实皆出自他们的果园，足见果树种植之盛况与规模之宏大。关于"瓜"，这一时期更是遍布各地，品种繁多。在某些地区，瓜的种类甚至多达十余种，展现出瓜果文化的繁荣与多样性。文人墨客亦纷纷以瓜果为题材，挥毫泼墨，抒发情感，掀起了一股以瓜果为主题的创作风潮,为后世留下了丰富的文化遗产。

含金精之流芳①,冠众瓜以作珍。三星在隅②,温风节暮。枕翘于藤,流美远布。黄华炳晔③,潜实独著。丰细异形,圆方殊务。扬晖发藻,九采杂糅。厥初作苦,终然允甘。应时湫熟,含兰吐芳。蓝皮蜜理,素肌丹瓤。乃命圃师,贡其最良。投诸清流,一浮一藏。更布象牙之席,薰玳瑁之筵④,凭彤玉之几,酌缥碧之樽。析以金刀,四剖三离。承之以雕盘,幂之以纤绤⑤,甘逾蜜房,冷亚冰圭。(《瓜赋》)

【注释】

①金精:这里指西方之神。

②三星:古人认为岁星由西向东十二年绕天一周,每年行经一个星次。三星,谓岁星行经三个星次,犹言三年。

③炳晔:灿烂的样子。

④玳瑁之筵:指精美的筵席。

⑤幂(mì):覆盖,罩。纤绤(chī):细葛布。

枣

在魏晋南北朝时期,尽管新鲜水果鲜美可口,但它们的易腐性却成为一道难题。为了跨越时令的界限,让美味得以延续,古人展现出了非凡的智慧和创造力。

他们运用盐腌、蜜渍、暴晒等精妙的方法，将水果的鲜美牢牢锁住。

在《齐民要术》这部古老的农书中，收录了诸多关于水果收藏的智慧。特别是关于枣的保存，古人根据每种水果含水、含糖量的不同，采取了不同的处理方式。其中，最简单直接的方式便是晒成果脯，如枣脯，只需"切枣曝之"，便能在阳光的照耀下化为甜蜜的干果，其色泽诱人，滋味悠长。另一种枣的加工保存方式则更显匠心。《食经》中记载的"干枣"，不仅要求晒干，还需在晒干后加酒封存。这种保存方式既保留了枣的原有风味，又增添了酒的醇厚，展现了古人在资源有限的情况下，如何通过巧妙的加工技艺，让水果的鲜美得以长存。这不仅是对食物的尊重，更是对自然与生活的深刻理解和热爱。

枣赋

西晋·傅玄

有蓬莱之嘉树，植神州之膏壤①。擢刚茎以排虚，诞幽根以滋长②。北阴塞门，南临三江。或布燕、赵，或广河东。既乃繁枝四合，丰茂翳郁，斐斐素华，离离朱实，脆若嚼雪，甘如含蜜。脆者宜新，当夏之珍。坚者宜干，荐羞天人。有枣若瓜，出自海滨。全生益气，服之如神。

【注释】

①膏壤：土地。

②幽根：植物埋在地下的根茎。

晒枣法：先治地，令净。有草莱令枣臭①。布椽于箔下，置枣于箔上。以杁聚而复散之，一日中二十度乃佳。夜仍不聚。得霜露气，干速。成阴雨之时，乃聚而苫盖之②。

五六日后，别择：取红软者，上高厨而暴之。厨上者已干；虽厚一尺，亦不坏。择去胮烂者③。胮者永不干，留之徒令污枣。其未干者，晒曝如法。(《齐民要术·卷四种枣第三十三》)

【注释】

①草莱：地面有干草或枯草。

②苫（shàn）：用席、布等遮盖。

③胮（pāng）：膨胀，涨大的样子。

食经曰："作干枣法：新菰蒋①，露于庭，以枣著上，厚二寸；复以新蒋覆之。""凡三日三夜，撤覆露之，毕日曝取干，内屋中。""率：一石，以酒一升，漱著器中，密泥之，经数年不败也。"

枣油法：郑玄曰："枣油：捣枣实，和，以涂缯上②，燥而形似油也，乃成之。"

枣脯法：切枣曝之，干如脯也。(《齐民要术·卷四种枣第三十三》)

【注释】

①菇蒋：茭白的叶子。

②缯（zēng）：古代对丝织品的统称。

《杂五行书》曰："舍南种枣九株，辟县官，宜蚕桑。""服枣核中人二七枚①，辟疾病。""能常服枣核中人及其刺，百邪不复干矣②。"（《齐民要术·卷四种枣第三十三》）

【注释】

①人：即核中的"仁"。

②干：侵犯，牵连。

作酸枣𪌉法①：多收红软者。箔上日曝令干，大釜中煮之，水仅自淹。一沸即漉出②，盆研之。生布绞取浓汁，涂盘上或盆中。盛暑，日曝使干，渐以手摩挲，取为末。以方寸匕投一碗水中③，酸甜味足，即成好浆④。远行用和米𪌉，饥渴俱当也。（《齐民要术·卷四种枣第三十三》）

【注释】

①𪌉（chǎo）：同"炒"，即将麦、稻等谷物炒熟，磨成面，或先磨后炒，作干粮用。

②漉（lù）出：沥出水中的固体物。

③方寸匕：量粉末的一个数量单位。

④浆：有酸甜味的饮料。

清淡养生与膳食禁忌

素食主义大行其道

不食酒肉

素食的渊源可追溯至远古的祭祀活动。在古老的"祭"字中,其构造便透露出深意——右边为手,左边为肉,象征着古人手持肉食以敬奉神明。然而,这一仪式的初衷与素食并无直接关联。但在祭祀的庄重场合,为了展现对神明的虔诚,人们往往选择戒除欲望,包括舍弃酒肉之欲,以达成与神灵沟通的境界。因此,可以说祭祀活动是素食诞生的原始形态,它深植于古代礼制之中。然而,这种斋戒的行为,在古时多为贵族所奉行。对于平民百姓而言,由于生活条件所限,肉类本非日常所食,因此并无戒除的必要。素食的真正兴起与繁荣,实则与宗教的传播息息相关。

《食次》曰:葱韭羹法:下油水中煮。葱、韭,五分切,沸,俱下。与胡芹、盐、豉、研米糁粒,大如粟米。

瓠羹①：下油水中，煮极熟。瓠体横切；厚三分。沸而下。与盐、豉、胡芹。累奠之。

油豉：豉三合，油一升，酢五升，姜、橘皮、葱、胡芹、盐，合和蒸。蒸熟，更以油五升，就气上洒之。讫，即合甑覆泻瓮中。（《齐民要术·卷九素食第八十七》）

【注释】

①瓠：瓠瓜，也叫瓠子。一年生攀缘草本植物。葫芦的变种。茎蔓生，果实长圆形，绿白色，嫩时可食。

膏煎紫菜：以燥菜下油中煎之，可食则止。擘奠如脯。薤白蒸：秫米一石，熟舂簸①，令米毛不渍。以豉三升煮之；渣箕漉取汁。用沃米，令上谐可走虾。米释，漉出，停米豉中。夏可半日，冬可一日，出米。葱薤等寸切，令得一石许。胡芹寸切，令得一升许。油五升，合和蒸之。可分为两甑蒸之。气馏，以豉汁五升洒之。凡三过三洒，可经一炊久，三洒豉汁。半熟，更以油五升洒之，即下。用热食。若不即食，重蒸取气出。洒油之后，不得停灶上，则漏去油。重蒸不宜久，久亦漏油。奠讫，以姜、椒末粉之，溲甑亦然。朓托饭②：托二斗，水一石。熬白米三升，令黄黑，合托三沸。绢漉取汁，澄清；以朓一升投中。无朓与油二升。（《齐民要术·卷九素食第八十七》）

【注释】

①舂：熟透的米。

②胨(sū)：同"酥"，是从牛羊乳中提炼出来的脂肪，即一种乳制品。

蜜姜：生姜一斤，净洗，刮去皮。算子切；不患长，大如细漆箸。以水二升，煮令沸，去沫。与蜜二升，煮，复令沸，更去沫。碗子盛，合汁减半奠；用箸，二人共。无生姜，用干姜；法如前，唯切欲极细。

缹瓜瓠法①：冬瓜、越瓜、瓠，用毛未脱者；毛脱即坚。汉瓜，用极大饶肉者；皆削去皮，作方脔，广一寸，长三寸。偏宜猪肉，肥羊肉亦佳。肉须别煮令熟，薄切。苏油亦好，特宜菘菜。芜菁、肥葵、韭等，皆得；苏油宜大用苋菜。细擘葱白，葱白欲得多于菜；无葱，薤白代之。浑豉、白盐、椒末。先布菜于铜铛底，次肉，无肉，以苏油代之。次瓜，次瓠，次葱白、盐、豉、椒末。如是次第重布②，向满为限。少下水，仅令相淹渍。缹令熟。

又缹汉瓜法：直以香酱、葱白、麻油缹之。勿下水亦好。(《齐民要术·卷九素食第八十七》)

【注释】

①缹(fǒu)：原意是用瓦缶煮，与用慢火煨的"煲""炖"同义。

②次第重布：层层铺排。

不食荤腥

魏晋南北朝时期，佛教与道教广泛传播，对人们的饮食方式产生深远影响。

道教修行者追求"辟谷""食元气""茹芝草"的修炼方式，他们相信清心寡欲是得道长生的关键。正如南朝梁时陶弘景所言，应"少食荤腥多食气"，强调素食的清淡与纯净。道教的神仙信仰，在帮助人们摆脱精神空虚的同时，也逐渐被统治者所认可，其超尘脱俗的特质对中国饮食文化及六朝时期的士族清雅文化产生了深远的影响。与此同时，大乘佛教传入中国，其普济众生的教义与素食清净的倡导不谋而合。当时比较流行的《梵网经》，其中明确规定："不得食一切众生肉，食肉得无量罪。"后梁武帝颁布《断酒肉文》，素食成为汉传佛教教徒必须恪守的戒律。在宗庙祭祀中，也提倡以面粉类食品代替牺牲，以素食模拟荤腥。梁武帝萧衍作为虔诚的佛教信徒，他不仅不宰杀牲畜，更以素食为主。在这种宗教素食的影响下，养生观念逐渐兴起，人们开始寻求以素食达到养生的目的。

焦菌其殒反法[①]：菌一名地鸡。口未开，内外全白者，佳；

其口开里黑者,臭不堪食。其多取欲经冬者,收取,盐汁洗去土,蒸令气馏,下,著屋北阴干之。当时随食者,取,即汤煤去腥气②,擘破。先细切葱白,和麻油,苏亦好。熬令香。复多擘葱白,浑豉、盐、椒末与菌俱下𤆵之。宜肥羊肉;鸡、猪肉亦得。肉𤆵者,不须苏油。肉亦先熟煮苏切,重重布之,如𤆵瓜瓠法,唯不著菜也。𤆵瓜、瓠、菌,虽有肉素两法;然此物多充素食,故附素条中。

𤆵茄子法:用子未成者③,子成则不好也。以竹刀、骨刀四破之。用铁则渝黑,汤去腥气。细切葱白,熬油令香,苏弥好。香酱清,擘葱白,与茄子俱下。𤆵令熟,下椒姜末。(《齐民要术·卷九素食第八十七》)

【注释】

①菌:伞菌一类的植物,其菌盖无毒的可供食用,又名"地鸡"。

②煤(zhá):此处指"煠",把食物放在煮沸的热水中涮。

③子未成:种子未成熟。

食在魏晋　233

食疗概念深入人心

猪肉羹

在先秦及汉代,白煮之法曾用于烹制猪肉羹,此羹乃专为祭祀与礼仪所备,尊称为"太羹"。然而,东晋名医葛洪却在这个传统的基础上,巧妙地加入了一束生茅根,从而赋予了这款猪肉羹治疗黄疸的食疗功效。此款羹品与传统的太羹在选材上略有不同:太羹使用的是带骨猪肉,而葛洪所创的食疗羹,则精选一斤纯肉。这款食疗猪肉羹,其精妙之处曾被葛洪记录在《肘后备急方》一书中。

《葛氏方》云[1]:黄病有五种,谓黄汗、黄疸、谷疸、酒疸、女劳疸也,又名治黄疸,一身面目悉黄如橘方:生茅根一把[2],细切,以猪肉一斤,合作羹,尽食。(《医心方·卷第十》)

【注释】

①《葛氏方》:即葛洪《肘后备急方》。

②生茅根：禾本科植物白茅的根茎，具有凉血、止血、清热、利尿的功用，可治黄疸等病症。

羊肉汤

范汪，东晋时期的杰出官员与名医，其医学著作《范汪方》与《范东阳方》流传千古。唐代名医孙思邈曾盛赞，欲成大医者，必深谙张仲景、范汪等前贤之经方。而今我们所提的羊肉汤，便是《范汪方》中众多羊肉汤品中的一款，独具范汪之特色，为东晋时期的食疗珍品。

据《范汪方》所述，此汤精选羊肉与商陆根各一斤。制作时，需先仔细刮去商陆根的表皮，切片后煮至烂熟，再滤去汤中杂质，加入羊肉，辅以葱、盐、豉等调料，慢火熬煮，直至汤汁浓郁而肉质鲜嫩。范汪明确指出，此汤可治疗"卒肿满身面皆洪大"之症，患者食用后，数次即可见效。即便消肿后，亦可继续享用，但需避免与狗肉同食。

疗卒肿满身面皆洪大：商陆根一斤①，刮去皮，薄切之，煮令烂，去滓，内羊肉一斤②，下葱、盐、豉，亦如常作腥法随意食之③。肿差后，亦可宜作此。可常捣商陆，与米中拌，蒸作饼

子食之。忌犬肉。数用愈。(《外台秘要》引《范汪方》)

【注释】

①商陆根：即商陆科植物商陆的根，有通二便、治水肿等功用。

②内羊肉：加入羊肉。

③亦如常作臛法：就像平时做臛的方法。

羊肺羹

这是古代文献中最早记载的羊肺羹，它不仅是美食的代表，更是食疗智慧的结晶。据《范汪方》所述，制作此羹需精选一具新鲜的羊肺，并佐以少许羊肉，仅以盐调味，简单而纯粹。品尝时，可根据个人喜好增减食量，但一般而言，三具羊肺便能见到显著的食疗效果。此羹专治尿频之症，其疗效之显著，令人赞叹。

从中医的角度来看，羊肺羹的食疗功效源自其主料羊肺。而辅料羊肉的加入，不仅提升了羹的口感，使其更加鲜美可口，还进一步增强了羊肺补中益气、安心止惊的效用。同时，羊肺羹中的盐，除了调味之外，还扮演着引经入肾的重要角色。按中医理论，咸味归肾，尿频多为肾虚所致。因此，在羹中加入适量的盐，可以引导药气入肾，从而发挥更好的治疗效果。

疗小便数而多方①。羊肺羹：内少许羊肉合作之②，调和盐③，如常食之法，多少任意④，不过三具效⑤。(《外台秘要》引《范汪方》)

【注释】

①疗小便数而多方：引入后文治疗尿频的方子。

②内少许羊肉合作之：加入少许羊肉一起做羹。

③调和盐：调味用盐。

④多少任意：每次吃多吃少随意。

⑤不过三具效：不过三具羊肺就见显效。

羊油炒薤白

《范汪方》中藏有一款特别的药膳——羊腰窝油炒薤白，专为治疗妇女产后诸痢而设。范汪书中明示，薤白煮食对产后诸痢有益，且多多益善。若以肥羊肉去脂后炙烤，或更佳者，以羊腰窝油翻炒薤白，其疗效更显。薤白，又名菜芝、荞子等，乃百合科植物小根蒜或藠的鳞茎，其性味苦温，无毒，具有除寒热、去湿气、温中散结等功效。《千金要方·食治门》中赞誉其能生肌肉、利产妇。羊腰窝油，则因其补虚、润燥、祛风、化毒之功效，对久痢等有疗效。从烹饪艺术的角度审视，根茎类的薤白需以油烹制，方能色、香、味俱佳。因此，薤白与羊腰窝油的搭配，堪称绝配。此款药膳，不仅展示了东晋范汪所处时代对食疗的深刻理解，更揭示了中国烹饪中独特的"炒"法已应用于食疗之中。这不仅是医学的瑰宝，更是中国餐饮史上的一大亮点。

治产后诸痢，多煮薤白食，仍以羊肾脂同炒食①。(《范汪方》)

【注释】

①羊肾脂：即羊腰窝油。其包在羊肾（腰子）外面，用其炒菜有特殊香味。

蒸乌鸡

这道蒸乌鸡源自千年前的医学典籍《肘后备急方》。在这部传承至今的古代医学文献中，它是最早以乌鸡为主角的药膳佳肴。根据古籍所述，制作此佳肴需精选一只雌性乌鸡，宰杀并洗净后，巧妙地将一斤细切的生地黄和二升醇厚的饴糖填入其腹内，再将之严密封好。随后，放入铜制器皿中，置于蒸锅之上，待其熟透，便可取出。享用时，可食其肉，饮其汤，但切记，无须加盐。每三个月，便可制作享用三次。无论是因长期劳累而体力不支的男女,还是大病初愈、亟待恢复的病人,这款蒸乌鸡都是极佳的食疗之选。而在南北朝时期,名医姚僧垣更是对其疗效赞不绝口,称赞其"神效非凡,且能止盗汗"。如此佳肴,不仅味道鲜美,更兼具食疗之功,实乃千古之珍。

凡男女因积劳虚损,或大病后不复,常苦四体沉滞,骨肉痛酸。吸吸少气,行动喘惙,或小腹拘急,腰背强痛,心中虚悸,咽干唇燥,面体少色;或饮食无味,阴阳废弱,悲忧惨戚,多卧少起。久者积年,轻者才百日,渐至瘦削,五脏气竭,则难可复振。又方:乌雌鸡一头①,治如食法,以生地黄一斤切②,饴糖"二升,内腹内③,急缚④,铜器贮甑中⑤,蒸五升米久⑥。须臾取出,食肉饮汁,勿啖盐。三月三度作之。姚云⑦:"神良,并止盗汗。"(《补阙肘后百一方》)

【注释】

①乌雌鸡:即乌母鸡。

②生地黄:玄参科植物地黄的根茎,具滋阴养血等功用。

③内腹内:(将生地黄、饴糖)放入鸡腹内。

④急缚:(将鸡腹口)紧紧捆好。

⑤铜器贮甑中:(将鸡盛在)铜器内再放入蒸锅中。甑,蒸器。

⑥蒸五升米久:蒸五升米的时间。

⑦姚云:应指南北朝名医姚僧垣说。

食在魏晋

苦酒煮鲤鱼

东晋名医葛洪的《肘后备急方》中，隐藏着多款以鲤鱼为主角的食疗秘法，其中的苦酒煮鲤鱼尤为引人注目。这款食谱由严世芸等先生从日本《医心方》中精心辑出，展现了一种古老的治疗身面肿胀的良方。

这道鲤鱼佳肴的制作方法独特，选取大鲤鱼一尾，以三升苦酒精心烹煮，直至苦酒全部融入鱼肉之中。品尝此鱼时，须谨记勿与米饭、盐、豉等物同食，以免影响其疗效。若肿胀未消，可重复此法，直至痊愈。在流传的《补阙肘后百一方》中，对于这道食谱中的"苦酒"有着不同的记载，有时被写作"醇酒"，有时又被《范汪方》称作"醇苦酒"。而关于"不要吃米饭等"的提醒，则解释为"勿用醋及盐豉他物杂也"，意味着在食用时需保持食材的纯净，以免干扰其疗效。

《葛氏方》治卒肿身面皆洪大方①：凡此种，或是虚气，或是风寒气，或是水饮气，此方皆治之：用大鲤鱼一头，以淳苦酒三升煮之②，令苦酒尽，乃食鱼。勿食饭及盐豉他鲑也。不过再作便愈。(《医心方·卷第十》)

【注释】

①《葛氏方》：即葛洪《肘后备急方》。

②淳苦酒：即苦酒。李时珍《本草纲目》引陶弘景解释："醋酒为用，无所不入，愈久愈良，亦谓之酢。以有苦味，俗呼苦酒。"

解酒汤

东晋北魏时期的才子张湛，不仅是一位杰出的政治家，更是一位博学多才的学者，曾撰写了《养生要集》十卷，其中便包含了一款独特的解酒汤。可惜的是，张湛的《养生要集》已难以寻觅其全貌，但其精华部分仍可见于《太平御览》和日本的《医心方》等典籍之中。其中，解酒汤的制作方法尤为引人注目。将芜菁与小米一同放入锅中，加水煮至熟烂，然后滤去渣滓，待其冷却后饮用，便可迅速解酒。他对此汤赞不绝口，称其为"此方最良"。

除了这款解酒汤外，张湛还介绍了另外三种解酒良方，分别是粳米汤、赤小豆汤和生葛根汤。每一种汤的制作与饮用方法都经过他精心研究，旨在帮助人们快速恢复清醒，减轻酒后不适。这些天然食材不仅能够帮助身体排出多余的水分和毒素，还能够增强脾胃功能，促进身体对营养的吸收和利用，起到保健养生的作用。

《养生要集》云：治大醉烦毒、不可堪方：芜菁菜并小米[①]，以水煮令熟，去滓，冷饮之则解。此方最良。又方：以粳米作粥，取汁，冷饮之。良又方：赤小豆以水煮，取汁一升，冷饮之，即解。又方：生葛根捣绞取汁，饮之。(《医心方·卷二十九》)

【注释】

①芜菁：别名蔓菁、诸葛菜，肥大肉质根供食用，肉质根柔嫩、致密，供炒食、煮食。

猎奇的"毒药"养生

服散

在魏晋时期,服散蔚然成风,成为那个时代的独特印记。然而,关于寒食散(一说寒石散,因其由五种矿石制作而成,又名五石散)的看法,人们众说纷纭,形成了截然相反的观点。虽多数以毒药视之,然典籍之中亦不乏其为治病妙方的记载。深入探究我们不难发现,对寒食散的药性进行一概而论的否定,实为偏颇之见。寒食散,实则为一类古老方剂的统称,其初衷旨在治病救人。倘若用之得当,药物与病情相得益彰,其效果自会显现;反之,若是无病之人滥用此药,且不知节制,则易招致疾病缠身,其后果不堪设想,故有人称之为"毒药"。

何之视候,则魂不守宅,血不华色,精爽烟浮,容若槁木[①],谓之鬼幽。(《三国志》)

【注释】

①槁木：已经死亡干枯的树木，形容毫无生气。

近世尚书何晏，耽声好色，始服此药，心加开朗，体力转强，京师翕然[①]，传以相授。历岁之困，皆不终朝而愈。(《诸病源候论》)

【注释】

①翕然：形容一致。

服五石散，非唯治病，亦觉神明开朗。(《世说新语·言语》)

晋嵇含《寒食散赋》曰：余晚有男儿，既生十朔，得吐下积，日羸困危殆[①]，决意与寒食散，未至三旬，几于平复……何矜孺子之坎坷，在孩抱而婴疾。既正方之备陈，亦旁求于众术。穷万道以弗损，渐丁宁而积日。尔乃酌醴操散[②]，商量部分，进不访旧，旁无顾问。伟斯药之入神，建殊功于今世。起孩孺于重困，还精爽于既继。(《艺文类聚》卷七十五)

【注释】

①羸困：疲惫，瘦弱困乏。
②酌醴：酌酒。

秀创制朝仪[①]，广陈刑政，朝廷多遵用之，以为故事。在位四载,为当世名公。服寒食散,当饮热酒而饮冷酒,泰始七年薨,时年四十八。诏曰:"司空经德履哲,体蹈儒雅,佐命翼世,勋业弘茂。方将宣献敷制,为世宗范,不幸薨殂,朕甚痛之。其赐秘器、朝服一具、衣一袭、钱三十万、布百匹。谥曰元。"(《晋书》)

【注释】

①秀:裴秀,字季彦。河东郡闻喜县人。魏晋时期名臣、地图学家,东汉尚书令裴茂之孙、曹魏光禄大夫裴潜之子。

清淡偏方

自汉末乱世起,烽火连天,瘟疫肆虐,朝野动荡,士人们的心灵在《古诗十九首》的字里行间流露出对人生短暂的哀愁,感叹生命如同朝露般易逝,如飘尘般飘忽不定,如烟云般缥缈难捉。面对建功立业之路的封锁,士人们转而追求内心的宁静与人格的完善,在玄学中探寻生命的真谛。这股玄风不仅改变了士人的精神世界,也悄然影响了两晋以降的饮食风尚。

昔日以肥腻为尊的美食,逐渐被淡雅的滋味所取代,饮食之道开始追求简约而不简单,平淡中见真味。这正如老子所言:"为无为,事无事,味无味。"这看似无味的淡泊中,实则蕴藏着至高的品位,正是这淡味,才是养人之本，滋养着人们的心灵与身体。

左元放荒年法：择大豆粗细调匀，必生熟按之，令有光，烟气彻豆心内。先不食一日，以冷水顿服讫[1]。其鱼肉菜果不得复经口，渴即饮水，慎不可暖饮[2]。初小困，十数日后，体力壮健，不复思食。（《博物志·卷五》）

【注释】

①讫：完成，完毕。

②暖饮：喝热水。

鲛法服三升为剂，亦当随入先食多少增损之。盛丰欲还者煮葵子及脂苏，服肉羹渐渐饮之，须豆下乃可食。豆未尽而以实物肠塞，则杀人矣。此未试，或可以然。周日用曰：一说腊涂黏饼，炙饼令热，即涂之，以意量多少即食之，如常渴即饮冷水，熙热茶耳[1]。（《博物志·卷五》）

【注释】

①熙：这里应指不要喝热茶。

《孔子家语》曰："食水者乃耐寒而苦浮，食土者无心不息，食木者多而不治，食石者肥泽而不老[1]，食草者善走而愚，食桑者有丝而蛾，食肉者勇而悍，食气者神明而寿，食谷者智能而夭，不食者不死而神。"《仙传》曰："虽食者，百病妖邪之所钟焉。"

(《博物志·卷五》)

【注释】

①肥泽:肌肉丰润。

岁时食记的饮食习俗

正月初一

在汉武帝太初元年颁布了《太初历》，正式确立了以孟春正月为岁首的历法制度。由此，"正月初一"被赋予了非凡的意义。它既是新年的伊始，也是月份的开端。自此以后，历朝历代皆以农历正月初一为元旦，举国欢庆，共迎新岁。

据《荆楚岁时记》所载，魏晋南北朝时期，正月初一是充满喜庆和热闹的日子。在这一天，人们纷纷以美食佳肴来庆祝新年的到来，各种饮食习俗层出不穷，饮食品种琳琅满目。这些丰富多彩的饮食文化，不仅体现了古人对食物的热爱和敬畏，也传承了中华民族的传统文化和精神。

长幼悉正衣冠，以次拜贺。进椒柏酒①，饮桃汤②。进屠苏酒③，胶牙饧④。下五辛盘⑤。进敷于散⑥，服却鬼丸⑦。各进一鸡子⑧。按：元日服桃汤者⑨，五行之精厌伏邪气，制百鬼也。今人进屠苏酒，胶牙饧，盖其遗事也⑩。今北人亦如之：熬麻子⑪、大豆，兼糖散之。胶牙者⑫，盖以使其牢固不动。(《荆楚岁时记》)

【注释】

①椒柏酒：椒酒和柏酒。古代农历正月初一用以祭祖或献之于家长以示祝寿拜贺之意。

②桃汤：用桃木煮成的液汁。古人迷信用以挥洒驱鬼，后俗于春节饮桃汁以辟邪。

③屠苏酒：是在中国古代春节时饮用的酒品，故又名岁酒。屠苏是古代的一种房屋，因为是在这种房子里酿的酒，所以称为屠苏酒。据说屠苏酒是汉末名医华佗创制而成的，其配方为以大黄、白术、桂枝、防风、花椒、乌头、附子等中药入酒中浸制而成。

④胶牙饧：用麦芽制成的糖，食之粘齿，故名。旧俗常用作送灶时的供品。

⑤五辛盘：又称辛盘、春盘。即在盘中盛上五种带有辛辣味的蔬菜，作为凉菜食用。魏晋以下，元旦日有食五辛盘的传统民俗，意在尝新。

⑥敷于散：魏晋时期中药名。相传用柏子仁、麻仁、细辛、干姜、附子等调和而成。

⑦却鬼丸：民间方药，元旦服之避鬼。

⑧鸡子：鸡蛋。

⑨元日：正月初一。

⑩遗事：前辈或前人留下来的事业。

⑪麻子：陕西、甘肃、山西、河北特产，是一种食品，老少皆宜。

⑫胶牙：坚硬难嚼。

五辛所以发五藏之气①，即葱、蒜、韭菜、芸苔②、胡荽是也③。(《风土记》)

【注释】

①五藏：中医术语。也称"五脏"，心、肝、脾、肺、肾五个脏器的合称。是人体生命活动的中心，精神意识活动也分属于五藏。

②芸苔：油菜花。

③胡荽：即芫荽，俗称"香菜"。

柏子人（仁）①、麻人（仁）②、细辛③、干姜、附子④。

正月旦，吞鸡子、赤豆七枚，辟瘟气⑤。(《炼化篇》)

【注释】

①柏子：即柏子香。

②麻人：即麻子仁，大麻的干燥成熟果实。味甘，性平，可入药。

③细辛：草名。又名少辛、小辛。

④附子：植物名。多年生草本，株高三四尺，茎作四棱，叶掌状，如艾。秋月开花，若僧鞋，俗称僧鞋菊。叶茎有毒，根尤剧，含乌头碱，性大热，味辛，可入药。对虚脱、水肿、霍乱等有疗效。

⑤瘟气：疫疠之气。

正月初七

《荆楚岁时记》中记载："正月七日为人日。"民间流传着一个古老的传说，当女娲在创造世界时，连续六日分别赋予了鸡、狗、猪、羊、牛、马以生命。直至第七日，她才精心雕琢出人类这一杰作，赋予了世间最为珍贵的灵魂。因此，农历正月的每一天都被赋予了不同的生命象征：一日为鸡日，二日为狗日，三日为猪日，四日为羊日，五日为牛日，六日为马日。而最为特殊和庄重的，便是正月初七，这一日象征着人类的诞生，被尊称为"人日"。

在魏晋南北朝时期，每当"人日"到来，民间都会举办一系列独特的庆祝活动。其中，饮食文化更是丰富多彩。在这一天，人们会准备菜羹，其清新的口感和丰富的营养象征着生命的新生与活力。同时，熏火也被视为一种特殊的庆祝方式，其炽热的火焰寓意着人们对新生活的热切期盼和祝福。

正月七日为人日。以七种菜为羹；剪彩为人①，或镂金箔为人②，以贴屏风，亦戴之头鬓③；又造华胜以相遗④；登高赋诗。

今一日不杀鸡，二日不杀狗，三日不杀猪，四日不杀羊，五日不杀牛，六日不杀马，七日不行刑。

古乃磔鸡⑤，今则不杀。荆人于此日向辰门前呼牛马鸡畜⑥，令来，乃置粟豆于灰⑦，散之宅内，云以招牛马⑧，未知所出。

……

北人此日食煎饼⑨，于庭中作之，支薰火⑩，未知所出。（《荆楚岁时记》）

【注释】

①剪彩：剪纸。

②镂金箔：雕镂物体，中间嵌金。

③头鬓：指头发。

④华胜：即花胜。古代妇女的一种花形首饰。相遗：相互给予；馈赠。

⑤磔鸡：旧俗于正月一日杀鸡挂于门以除不祥。

⑥荆人：楚人，南人。辰门：地名。

⑦粟豆：粟豆树属于中乔木，为奇数羽状复叶、小叶互生，叶形为披针状长椭圆形，荚果长达20厘米，种子为椭圆形。

⑧云：说话。

⑨煎饼：糊状的高粱、小麦等在鏊子上烙熟的饼。
⑩薰火：或可理解为煎饼的俗称，即"熏虫"。

寒食节

寒食节，这一古老的节日，于冬至后的第一百零五天，按照历法的推算，它通常在清明前的二日；也有说法是冬至后的第一百零六天，即清明前一日。此节日的起源，可追溯至古代人们禁烟火、食冷食的习俗。在漫长的历史演变中，寒食节不仅保留了其独特的饮食传统，还融入了祭扫、踏青、秋千、蹴鞠、牵勾、斗鸡等多种丰富多彩的活动，它承载着丰富的文化内涵，跨越了两千余年的时光，一度被誉为中国民间的盛大节日。

寒食节的起源，与一段感人的历史故事紧密相连。春秋时期，晋国的公子重耳在流亡的十九年间，得到了大臣介子推的不离不弃和坚定支持。据说，在困境中，介子推甚至割下自己的大腿肉为重耳充饥，展现了他对君主的忠诚与奉献。后来，重耳励精图治，成为一代霸主晋文公。然而，介子推却淡泊名利，选择与母亲归隐绵山，过起了隐居生活。为了迫使介子推出山相见，晋文公下令放火烧山，然而介子推宁愿被火焚烧也不愿出山，最终与母亲一同遇难。晋文公深感愧疚和悲痛，为纪念介子推的忠诚，下令在介子推死难之日禁火寒食，以此表达对他的哀思与敬仰，这就是"寒食节"的由来。

在《荆楚岁时记》的记载中，寒食节期间需"禁火三日，造饧大麦粥"。这是因为在这三天内，人们需要避免生火，所以需提前准备一些易于保存和食用的食物，如饴糖和大麦粥，以应对这段特殊的日子。这一习俗不仅体现了古代人们对节日的虔诚和尊重，也展现了他们智慧和勤劳的品质。

去（离开）冬节（就是冬至）一百五日，即有疾风甚雨①，谓之寒食。禁火三日，造饧大麦粥②。(《荆楚岁时记》)

【注释】

①疾风：急剧而猛烈的风。甚雨：骤雨，大雨。

②造饧：指粥中加糖。大麦粥：指小麦屑和豆煮的粥。

寒食三日作醴酪①。又：煮粳米及麦为酪②，捣杏仁，煮作粥。(《邺中记》)

【注释】

①醴酪：甜酒和奶酪。

②粳米：粳稻碾出的米。

今人悉为大麦粥。研杏仁为酪①，引饧沃之②。(《玉烛宝典》)

【注释】

①酪：用乳汁制的半凝固状食品。

②沃：浇。

三月三日

上巳节，又称三月三，是汉族之古老佳节，初定于汉代之前的三月上旬巳日，而后定于夏历三月初三。上巳节古时为"祓除畔浴"之盛典，人们相携至水畔，沐浴净身，称之为"祓禊"。随着时间的推移，此节又融入了祭祀宴饮、曲水流觞、郊外游春等丰富多彩的活动，使节日氛围更加浓厚。

关于上巳节的起源，流传着一种关于兰汤辟邪的巫术之说。据传，古人视兰草为灵物，其香气袭人，能驱除邪气。因此，在举行重大祭神仪式之前，人们必先进行斋戒，其中最为关键的一环便是"兰汤沐浴"。人们以兰草煮水，取其香气与圣洁，以此洗涤身心，祈求神灵庇佑，辟邪驱祟。这一传统习俗不仅体现了古人对自然与神灵的敬畏，也展现了他们对美好生活的向往与追求。

太康六年三月三日后园会①（节选）

晋朝·张华②

暮春元日③，阳气清明，

祁祁甘雨④，膏泽流盈⑤。

习习祥风，启滞异生⑥。

禽鸟翔逸⑦，卉木滋荣⑧。

【注释】

①太康：西晋开国皇帝晋武帝司马炎（265—290年在位）的第三个年号。

②张华（232—300）：字茂先。范阳郡方城县（今河北固安）人。西晋时期政治家、文学家、藏书家，西汉留侯张良的十六世孙。

③暮春：春天最后一段时间，指农历三月。

④祁祁：众多貌；盛貌。

⑤膏泽：滋润土壤的雨水。

⑥启滞：启发蒙昧，打通阻塞。

⑦翔逸：犹飞翔。

⑧滋荣：生长繁茂。

三日侍宴宣猷堂曲水诗

南朝陈·江总①

上巳娱春禊②。芳辰喜月离。

北宫命箫鼓③。南馆列旌麾④。

绣柱擎飞阁⑤。雕轩傍曲池⑥。

醉鱼沉远岫⑦。浮枣漾清漪。

落花悬度影。飞丝不碍枝。

树动丹楼出⑧。山斜翠磴危⑨。

礼周羽爵遍。乐阕光阴移⑩。

【注释】

①江总（519—594）：著名南朝陈大臣、文学家。字总持，祖籍济阳考城（今河南兰考）。

②春禊：古时民俗，官民于农历三月上巳（魏以后为三月初三）在水滨举行盥洗祭礼，以除不祥，谓之春禊。

③北宫：古代王后所居之宫。箫鼓：箫与鼓。泛指乐奏。

④旌麾：帅旗；指挥军队的旗帜，借指军队。

⑤绣柱：用彩画装饰的大梁和用锦绣包裹的柱子。形容建筑物的奢华。飞阁：架空建筑的阁道。

⑥雕轩：饰有浮雕彩绘的屋檐。曲池：曲折回绕的水池。

⑦远岫：远处的峰峦。

⑧丹楼：红楼。多指宫、观。

⑨翠磴：翠色的石头台阶。
⑩乐阕：乐终。

取鼠曲汁蜜和粉①，谓之龙舌𦬸②，以厌时气③。(《荆楚岁时记》)

【注释】

①鼠曲：二年生草本植物，茎直立，全株被白色绵毛。叶互生，倒披针形或匙形。花黄色，成头状花序。中医以全草入药，有祛痰止咳功能。也称鼠耳草、佛耳草。

②龙舌𦬸(pàn)：草名。即水车前。

③厌时气：压制连日的不适。

郝隆为桓公南蛮参军①。三月三日会，作诗，不能者罚酒三升。隆初以不能受罚，既饮，揽笔便作一句云："娵隅跃清池②。"桓问："娵隅是何物？"答曰："蛮名鱼为娵隅。"桓公曰："作诗何以作蛮语？"隆曰："千里投公，始得蛮府参军，那得不作蛮语也？"(《世说新语·排调》)

【注释】

①郝隆：字佐治，山西省原平市东社镇上社村人。为东晋名士，生性诙谐。年轻时无书不读，有博学之名。后投奔桓温，官至南蛮府参军。南蛮：古称南方的民族及其居住的地方。参军：中国古代诸王及将帅的幕僚，官名。

②媮隅：古代西南方少数民族称鱼为"媮隅"。

夏至日

在魏晋南北朝时期，夏至日是一个特殊而庄重的日子，其中一项令人垂涎的习俗便是品尝美味的粽子。粽子，这一古老的食品，凝聚了先人们的智慧与匠心。

制作粽子，首先要精选上等的菰叶或竹筒，它们既是粽子的"外衣"，又带有一种独特的清香。匠人们会精心挑选黍米等原料，经过细致的清洗和浸泡，使米粒饱满而富有弹性。他们将这些原料巧妙地包裹在菰叶或竹筒中，扎成三角形、菱形等各种形状，既美观又寓意深远。

夏至日食粽的习俗不仅仅是一种饮食文化的传承，更体现了人们对自然的敬畏和对生活的热爱。这一习俗延续至今，仍然让人们感受到那份古老而深厚的文化底蕴。

夏至节日食粽。周处谓为角黍①，人并以新竹为筒粽。（《荆楚岁时记》）

【注释】

①角黍：食品名，即粽子，以箬叶或芦苇叶等裹米蒸煮使熟。

状如三角，古用黏黍，故称。

仲夏端午。端，初也。俗重五日，与夏至同。先节一日又以菰叶裹粘米①，以栗枣灰汁煮②，令熟，节日啖。煮肥龟，令极熟，去骨加盐豉秫蓼③，名曰俎龟黏米④，一名粽，一名角黍。盖取阴阳尚包裹未（分）之象也。龟表肉里，阳内阴外之形，所以赞时也。（《风土记》）

【注释】

①菰叶：菰叶又叫作茭白叶。早在春秋时期，用菰叶（茭白叶）包黍米成牛角状，称"角黍"；用竹筒装米密封烤熟，称"筒粽"。粘米：又称白米，是稻米经过精制后的一种米。

②栗枣：一种枣。常用于制作粽子。

③盐豉：食品名，即豆豉，用黄豆煮熟霉制而成，常用以调味。秫蓼：一年生或多年生草本植物，叶子互生，花多为淡红色或白色，结瘦果。

④俎鱼：菜品名。

粟黍法①：先取稻，渍之使释②。计二升米，以成粟一斗。著竹篅头内，米一行，粟一行；裹，以绳缚。其绳，相去寸所一行。须釜中煮③，可炊十石米间，黍熟。（《齐民要术·卷九粽、糍法第八十三》）

【注释】

①粟：谷子过去称粟，成熟的谷粒脱壳后成小米，耐干旱。黍：黍子，籽实脱壳后是黍米，煮熟后黏性大。

②渍：浸，沤。

③须釜：做饭的器具。

六月伏日

"伏日"亦即"伏天"，夏至之后第三个庚日，标志着初伏的起始；夏至后的第四个庚日，中伏悄然登场，此时阳光炙热，如炉火燃烧；而当立秋后的第一个庚日到来，末伏便悠然开启，它宣告着夏日渐去，但炎热仍存。这三段时光，合称"三伏"。"三伏"天常常在每年的七月中旬至八月中旬之间，它们是夏日最潮湿、最闷热的时刻，这样的天气常常让人食欲减退，因此在《荆楚岁时记》《齐民要术》中记录了很多能够提升食欲、祛除湿气的食谱，如汤饼、面片汤等。

六月伏日，并作汤饼①，名为辟恶②。（《荆楚岁时记》）

【注释】

①汤饼：水煮的面食。

②辟恶：祛除瘟病，祛除恶气。

馎饦^①：挼如大指许，二寸一断，著水盆中浸。宜以手向盆旁，挼使极薄^②。皆急火逐沸熟煮。非直光白可爱，亦自滑美殊常。（《齐民要术·卷九饼法第八十二》）

【注释】

①馎饦：俗称面片汤，其实是中国的一种传统面食。

②挼（ruó）：揉搓。

重阳节

在《易经》中，"阳爻"被赋予了九的象征，九因此成为阳数的代表。而每当农历九月初九，太阳与月亮交相辉映，双九重逢，这一日便成为人们心中极为珍视的吉祥之日，这就是重阳节的由来。回溯至魏晋南北朝时期，我们可以在《荆楚岁时记》中探寻到这一天的独特风情。宗懔在书中细腻地描绘了当时的景象："九月九日，四民并籍野饮宴。"这一天，四方百姓纷纷走出家门，于野外设宴欢聚。汉朝至宋朝，这一传统始终未曾改变，人们佩戴茱萸，品尝饵食，畅饮菊花酒，相信这些习俗能够带来长寿与吉祥。这些美食与美酒不仅满足了人们的口腹之欲，更承载了丰富的文化内涵和人们对美好生活的祈愿。

南宋·刘松年 《十八学士图》(局部)

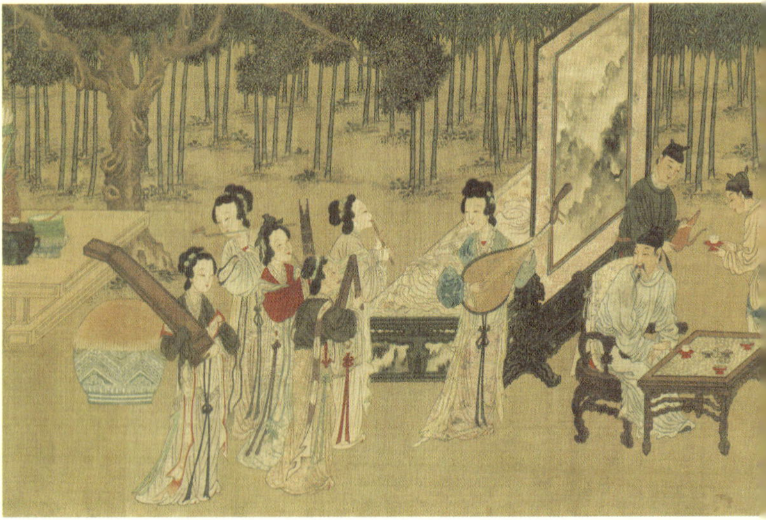

南宋·刘松年 《十八学士图》(局部)

南宋·刘松年 《十八学士图》(局部)

九日食饵饮菊花酒者，其时黍、秫并收①，以因黏米嘉味，触类尝新，遂成积习。(《玉烛宝典》)

【注释】

①黍、秫：黍和秫。籽实都具黏性，可酿酒。

汝南恒景随费长房游学累年，长房谓之曰："九月九日，汝南当有大灾虐，急令家人缝囊盛茱萸①，以系臂，登山饮菊花酒，此祸可消。"景如言，举家登山，夕还，见鸡犬牛羊一时暴死。长房闻之曰："此可代也。"(《续齐谐记》)

【注释】

①缝囊：缝囊为礼，制作香囊。茱萸：落叶小乔木，开小黄花，果实椭圆形，红色，味酸，可入药。

九月九日配茱萸食饵饮菊花酒①，云令人长寿。(《西京杂记》)

【注释】

①饵：糕饼，香饵。

腊月初八

自古以来，腊祭的传统就深深扎根于我们的文化之中。农历十二月初八，这一日，既是腊八节，又是民间传统中祭祀灶神的吉日。据《荆楚岁时记》所载，此日人们以豚酒敬献灶神，以表敬意与祈愿。这里的"豚"，指的是活泼的小猪，象征着丰收与富足。在魏晋南北朝时期，民众们便会在农历十二月初八这一天，以猪和酒等珍贵的祭品，虔诚地祭祀灶神，祈愿来年风调雨顺、家宅平安。这一习俗不仅体现了古人对灶神的敬畏与感恩，也蕴含了他们对美好生活的向往与追求。

汉阴子方，腊日见灶神[1]，以黄犬祭之，谓之黄羊。阴氏世蒙其福，俗人竞尚，以此故也。

其曰，并以豚酒祭灶神。（《荆楚岁时记》）

【注释】

[1]腊日：祭灶在腊月初八，与腊八节重合。

除夕

"除夕"之夜，也就是农历十二月的最后一天。作为农历一年的最后之夜，除夕承载着辞旧迎新的深刻寓意，它预示着春节的即将来临，为新的一年揭开序幕。细品"除夕"二字，其中蕴含着丰富的文化内涵。

"除"字,原意为"去",在此处引申为"易",象征着时间的流转与交替;"夕"字,则代表着日暮,进而寓意着夜晚的降临。因此,"除夕"一词,不仅是对这一特定夜晚的描绘,更是对旧岁与新年交替之际的生动诠释。它寓意着旧岁的离去,新年的到来,寄托着人们对未来美好生活的期盼与祝愿。在这一天,人们通常要将除夕的饭食留到新年的第十二天,然后丢掉,寓意着去故纳新。

岁暮,家家具肴蔌①,诣宿岁之位,以迎新年。相聚酣饮,留宿岁饭,至新年十二日,则弃之街衢②,以为去故纳新也。(《荆楚岁时记》)

【注释】

①肴蔌(sù):鱼肉与菜蔬。

②街衢(qú):通衢大道。

隐晦艰深的茶酒文化

以茶养德品茗助谈

一杯真茶提神醒酒

在素食之外,最能代表六朝时期淡泊自然之风的,无疑是茶。中国的茶文化源远流长,历史悠久,其别称繁多,如唐陆羽在《茶经》中所记载的茶、槚、蔎、茗、荈等五种称谓,便可见一斑。然而,在秦汉之前,茶对人们而言仍是一片未知的领域,直至秦国攻取蜀地,茶才逐渐进入人们的视野。两晋时期,茶才真正走进人们的日常生活,并以其独特的魅力赢得了广泛的赞誉。这一时期,第一篇以茶为主题的赋——晋杜育的《荈赋》,以及第一篇茶诗——左思的《娇女诗》相继问世,它们不仅记录了茶文化的蓬勃发展,更展现了茶在文人墨客心中的重要地位。

这一时期,上茶已成为一种待客之道,它不仅仅是一种饮品,更是一种精神的寄托。茶,以其清雅、淡泊的品质,成为士人们修身养性的象征。在茶香袅袅中,人们品味着生活的恬淡与宁静,感受着茶所带来的那份宁静与平和。

并敕厨人,来作茶饼,熬油煎葱,例茶以绢①,当用轻羽,拂取飞面,驯软中适,然后水引②,细如委綖③,白如秋练④,羹杯半在,才得一咽,十杯之后,颜解体润⑤。(《全晋文》引弘君举《食檄》)

【注释】

①例茶以绢:用薄纱来过滤茶。

②水引:将茶水引过去。

③綖(yán):古代覆盖在帽子上的一种装饰物,这里指细线。

④秋练:洁白的丝绢。

⑤颜解体润:面色红润,身体好转。

饼茶捣末,置瓷器中,以汤浇覆之,用葱、姜、橘子芼之①。其饮醒酒,令人不眠。(《广雅》)

【注释】

①芼(mào):用手指或指尖采摘,这里可理解为搅拌。

前得安州干茶二斤①,姜一斤,桂一斤,皆所须也。吾体中烦闷,恒假真茶②,汝可信致之。(《全晋文》)

【注释】

①安州:在今河北省最北的承德市中部的隆化县境。

②恒假真茶:始终靠喝好茶驱散心中烦闷。

饮真茶,令人少眠,故茶美称不夜侯①,美其功也②。

饮真茶③,令少眼睡。(《博物志》)

【注释】

①美称:茶别称为"不夜侯"。

②美:赞美,嘉奖。

③真茶:好茶;名茶。

《神农食经》曰:茶茗宜久服,令人有力悦志①。

又曰:茗,苦荼,味甘苦,微寒,无毒,主瘘疮②,利小便,少睡,去痰渴③,消宿食④。冬生益州川谷山陵道傍,凌冬不死⑤。三月三日采干。(《太平御览·饮食部》)

【注释】

①有力:有力气;有力量。悦志:身心愉悦。

②瘘疮:一种肛肠科常见疾病。

③去痰渴:除痰解渴。

④消宿食:中医讲的积食之症,这里指消除未能消化的食物。

⑤凌冬:越冬;过冬。

食在魏晋 275

桓宣武有一督将，因时行病后虚热①，更能饮复茗，必一斛二斗乃饱，裁减升合便以为大不足。非复一日，家贫。后有客造之，正遇其饮复茗。亦先闻世有此病，仍令更进五升，乃大吐，有一物出，如升大，有口，形质缩绉，状似牛肚。客乃令置之于盆中，以一斛二斗复茗浇之，此物噏之都尽而止②。觉小腹又增五升，便悉混然从口中涌出。既吐此物，病遂差③。苦问之："此何病？"答云："此病名斛茗瘕。"（《续搜神记》）

【注释】

①虚热：中医学名词。指体虚发热的病症，由阴液损耗或阴盛格阳引起。如午后潮热、五心烦热等。

②噏：收敛，收起或收拢。

③差：通"瘥"，病愈。

敦煌人单道开不畏寒暑①，常服小石子②。所服者有桂花气。兼服茶苏而已③。（《晋书·艺术传》）

【注释】

①不畏寒暑：冬天不怕冷，夏天不怕热。

②小石子：古代的药石散。

③茶苏：用茶叶制作而成的糕点。

西阳、武昌、晋陵皆出好茗。巴东别有真香茗①，煎饮，令

人不眠。(《太平御览卷二十五·桐君录》)

【注释】

①香苟：一种草名，具有特殊香气。

王公贵族的神仙饮品

南北朝之际，乃文化思想交融之盛世，尤以南朝为甚。自西晋末年战乱频仍，世家大族纷纷南迁，江南之地因而成为文化繁荣的沃土。江南生活富饶，文风昌盛，推动了文化的蓬勃发展，其中玄学更是风靡一时。玄学，作为魏晋时期的哲学思潮，它融合了老庄的深邃与儒家的经典，追求着一种清淡而高雅的精神境界。

茶这一自然之精华，恰好契合了玄学家的清雅之趣，因此备受推崇。当茶作为一种饮料被引入文化领域，人们发现它不仅能滋养身体，更能滋养心灵。茶文化的兴起，如同一股清流，与两晋时期的奢华之风形成了鲜明的对比。它代表着一种健康、高雅的精神力量，成为对抗浮华奢靡的有力武器。在茶香氤氲中，人们品味着生活的真谛，追求着内心的宁静与和谐。

登成都白菟楼诗

魏晋·张载

重城结曲阿①，飞宇起层楼。

累栋出云表②，峣嶔临太虚③。

高轩启朱扉④，回望畅八隅⑤。

西瞻岷山岭，嵯峨似荆巫⑥。

蹲鸱蔽地生⑦，原隰殖嘉蔬⑧。

虽遇尧汤世，民食恒有余。

郁郁小城中⑨，岌岌百族居。

街术纷绮错⑩，高甍夹长衢⑪。

借问杨子宅⑫，想见长卿庐⑬。

程卓累千金，骄侈拟五侯⑭。

门有连骑客⑮，翠带腰吴钩⑯。

鼎食随时进，百和妙且殊。

披林采秋橘，临江钓春鱼。

黑子过龙醢⑰，果馔逾蟹蝑⑱。

芳茶冠六清⑲，溢味播九区⑳。

人生苟安乐，兹土聊可娱。

【注释】

①重城：古代城市在外城中又建内城，故称。

②云表：云外。

③嶤嶔：高貌。太虚：古代哲学概念，指宇宙的原始的实体气。

④朱扉：红漆门。

⑤八隅：八方。

⑥嵯峨：形容山势高峻。荆巫：荆山与巫山。

⑦蹲鸱：大芋。因状如蹲伏的鸱，故称。

⑧原隰：平原和低下的地方。

⑨郁郁：生长茂盛。

⑩街术：街道。

⑪长衢：大道。

⑫杨子宅：扬雄的住所。

⑬长卿庐：司马相如的住处。

⑭五侯：公、侯、伯、子、男五等诸侯，泛指权贵豪门。

⑮连骑：多形容骑从之盛。

⑯吴钩：春秋吴人善铸钩，故称。后也泛指利剑。钩，兵器，形似剑而曲。

⑰龙醢：用龙肉制成的酱。

⑱蟹蝑：亦作"蟹胥"，指蟹酱。

⑲六清：即六饮，指水、浆、醴、凉、医、酏。后用以泛指饮料。

⑳九区：九州。

灵山惟岳，奇产所钟。瞻彼卷阿①，实曰夕阳。厥生荈草②，弥谷被岗③。承丰壤之滋润，受甘露之霄降。月惟初秋，农功少休；结偶同旅，是采是求。水则岷方之注，挹彼清流④；器择陶简，出自东瓯⑤；酌之以匏，取式公刘⑥。惟兹初成，沫沈华浮。焕如积雪，晔若春敷⑦。若乃淳染真辰，色绩青霜；氤氲馨香，白黄若虚。调神和内，倦解慵除⑧。（《荈赋》）

【注释】

①卷阿：蜿蜒的山陵。

②荈（chuǎn）草：茶的老叶，即粗茶。

③弥谷：长满了山谷。

④挹：喻从有余的地方取出来，以补不足。

⑤东瓯：古族名。越族的一支。相传为越王勾践的后裔，分布在今浙江省南部瓯江、灵江流域。

⑥公刘：古代周族的领袖。传为后稷的曾孙，他迁徙豳地（今陕西旬邑）定居，不贪享受，致力于发展农业生产。后用为仁君的典实。

⑦春敷：谓花木春天开放、繁荣。

⑧慵除：消除。

余姚人虞洪入山采茗，遇一道士牵三青牛，引洪至瀑布山，曰："吾，丹丘子也。闻子善具饮①，常思见惠②。山中有大茗，可以相给，祈子他日有瓯牺之余③，不相遗也。"因立奠祀。后

令家人入山，获大茗焉。(王浮《神异记》)

【注释】

①具饭：备办饭菜。

②见惠：受到恩惠。

③瓯蚁之余：一点儿剩饭。

晋元帝时，有老姥每旦擎一器茗①，往市鬻之②，市人竞买。自旦至暮，其器不减茗。所得钱，散路傍孤贫乞人。或异之，执而系之于狱。夜擎所卖茗器，自牖飞去③。(《广陵耆老传》)

【注释】

①老姥：老妇人。

②往市鬻(yù)之：去市集叫卖。鬻，卖。

③牖：窗户。

晋孝武世，宜城人秦精入武昌山中采茗。忽见一人，身长一丈，通体皆毛。精见之大怖，自谓必死。毛人牵其臂，将至山中大丛茗处，放之便去。精因留采①，须臾复来②，乃探怀中橘与精。精甚怖，负茗而归。(《续搜神记》)

【注释】

①留采：留下来采摘茶叶。

②须臾：片刻。

食在魏晋　281

剡县陈务妻少寡①,与二子同居,好饮茶。家有古冢②,每饮辄先祀之。二子欲掘之,母止之。夜梦人云:"吾止此冢三百余年,今二子恒欲见毁,赖相保护,又享吾佳茗③。虽潜朽壤④,岂忘翳桑之报⑤?"及晓⑥,于庭中获钱十万,似久埋者,惟贯新。母告二子,祷祀愈切⑦。(《异苑》)

【注释】

①少寡:很年轻便成了寡妇。

②古冢:古墓。

③佳茗:好茶。

④虽潜朽壤:虽然深埋在这腐朽的土壤中。

⑤翳(yì)桑:古地名。春秋晋灵辄饿于翳桑,赵盾见而赐以饮食。后以"翳桑"为饿馁绝粮的典故。

⑥及晓:待到天亮。

⑦祷祀:祷告祭祀。

任育长年少时,甚有令名①。武帝崩,选百二十挽郎,一时之秀彦,育长亦在其中。王安丰选女婿,从挽郎搜其胜者,且择取四人,任犹在其中。童少时神明可爱,时人谓育长影亦好。自过江,便失志②。王丞相请先度时贤共至石头迎之,犹作畴日相待,一见便觉有异。坐席竟,下饮,便问人云:"此为茶为茗?"觉有异色③,乃自申明云④:"向问饮为热为冷耳⑤。"尝行从棺邸下度,流涕悲哀。王丞相闻之曰:"此是有情痴。"(《世说新

语·纰漏》)

【注释】

①令名：好名声。

②失志：失意，不得志。

③异色：诧异的神色。

④申明：郑重地说明。

⑤为热为冷：晋时热和茶、冷和茗各在同一韵部，读音相近，任瞻因不辨茶和茗，自觉失言，想掩饰自己的窘态，所以这样说。

夏侯恺，字万仁，因病死，宗人儿苟奴素见鬼①，见恺数归，欲取马，并病其妻，著平上帻②、单衣，入坐生时西壁大床③，就人觅茶饮。(《搜神记》卷一六《夏侯恺》)

【注释】

①宗人：同族之人。

②平上帻(zé)：魏晋以来武官所戴的一种平顶头巾。至隋，侍臣及武官通服之。

③生时：活着的时候；生前。

槚①，苦茶。(矮小者似栀子，冬至生叶，可煮作羹饭。今早采者为茶，晚采者为茗。一名荈，蜀人名为苦茶。)(《尔雅》)

【注释】

①槚：茶树的古称。

茶，丛生。直煮饮为茗茶；茱萸[①]、橄子之属，膏煎之，或以茱萸煮脯，冒汁为之曰茶；有赤色者，亦米和膏煎，曰无酒茶。(《广志》)

【注释】

①茱萸：落叶小乔木，开小黄花，果实椭圆形，红色，味酸，可入药。

陆纳为吴兴太守时，卫将军谢安尝欲诣纳[①]。纳兄子俶怪纳无所备，不敢问之，乃私蓄十数人馔。安既至，纳所设惟茶果而已。俶遂陈盛馔[②]，珍羞必具。及安去，纳杖俶四十，云："汝既不能光益叔父，奈何秽吾素业[③]！"(《晋中兴书》)

【注释】

①诣：到，特指到尊长那里去。

②馔：饮食，吃喝。

③素业：清白的操守。

武帝遗诏："灵坐勿以牲为祭[①]，惟设饼果茶饮酒脯而已。"(《南齐书》)

【注释】

①灵坐：指新丧既葬，供神主的几筵。

桓温为扬州牧①,性俭素,每宴饮,唯下七奠拌茶果而已②。(《晋书》)

【注释】

①牧:古代治民之官。

②下:准备,设置。奠:盘子。拌:盛放。

孙皓每宴①,坐席无不能酒,率以七升为限②,虽不悉入口,浇灌取尽。韦曜饮酒不过二升,初见礼异③,密赐茶茗以当酒④。(《吴志》)

【注释】

①孙皓:字元宗,幼名彭祖,又字皓宗,吴郡富春县(今浙江省杭州市富阳区)人,吴大帝孙权之孙,吴文帝孙和之子,东吴末代皇帝。

②率:大概,大略。

③礼异:特殊礼遇。

④密赐:秘密赏赐。

孙皓每飨宴①,无不竟日②,坐席无能否率以七升为限,虽不悉入口,皆浇灌取尽。(韦)曜素饮酒不过二升,初见礼异时,常为裁减,或密赐茶以当酒,至于宠衰,更见逼强,辄以为罪。(《三国志》)

【注释】

①飨宴：举办宴饮。

②竟日：终日；从早到晚。

北方人喝奶也喝茶

在南方，茶已如寻常之水，滋润着人们的日常生活，然而在遥远的北方，尤其是在那西北大地出身的王公贵族之间，茶却如同异域的珍宝，鲜有人知。他们依然沿袭着古老的传统，以乳酪为饮，享受那浓郁的口感。然而，历史的车轮滚滚向前，隋代以后，随着大运河的开通，也为北方少数民族带来了南方的茶香。自此，茶叶跨越千山万水，来到北方的土地上，饮茶之风逐渐在这片土地上生根发芽，日渐盛行。

彭城王勰戏谓王肃曰："卿不重齐、鲁大邦，而爱邾、莒小国。"肃对曰："乡曲所美①，不得不好。"勰复谓曰："卿明日顾我，为卿设邾、莒之餐，亦有酪奴②。"因此复号茗饮为酪奴。时给事中刘缟慕肃之风，专习茗饮。彭城王谓缟曰："卿不慕王侯八珍③，而好苍头水厄！海上有逐臭之夫④，里内有学颦之妇，以卿言之是也。"其彭城王家有吴妪，以此言戏之。自是朝贵宴会，虽设茗饮，皆耻不复食，虽江表残民远来降者⑤，侍中元乂欲为之设茗,先问:"卿于水厄多少?"肖正德不晓人意,答曰:"下官虽生水乡,立身已来,不遭阳侯之难。"举坐笑焉。(《洛阳伽蓝记》)

【注释】

①乡曲:乡里,亦指穷乡僻壤。形容识见寡陋。

②酪奴:茶的别名。北方人喜饮酪浆,不好饮茶,所以将茶称为酪的奴婢。

③八珍:泛指珍馐美味。

④逐臭:喻嗜好怪僻。

⑤江表:指长江以南地区,从中原看,地在长江之外,故称江表。残民:被残害的人民;劫后余民。

琅琊王肃仕南朝①,好茗饮莼羹。及还北地,又好羊肉酪浆②,人或问之:茗何如酪?肃曰:茗不堪与酪为奴。(《后魏录》)

【注释】

①王肃(195—256),字子雍,东海郡郯县(今山东省临沂市郯城县)人。三国时期魏国大臣、经学家,司徒王朗的儿子,晋文帝司马昭岳父。琅琊王氏,是长期生活于琅琊这一特定行政区域内的王姓望族,是中古时期中原最具代表性的名门望族。

②酪浆:牛羊等动物的乳汁。

吴人之鬼①,住居建康②,小作冠帽③,短制衣裳。自呼阿侬,

食在魏晋

语则阿傍。菰稗为饭④,茗饮作浆,呷啜莼羹⑤,唼嗍蟹黄⑥。(《洛阳伽蓝记》)

【注释】

①吴人:对吴人的蔑称。

②建康:南京在六朝时期的名称,孙吴、东晋、刘宋、萧齐、萧梁、陈朝六代京师之地,是中国在六朝时期的经济、文化、政治、军事中心。

③冠帽:即帽子。

④菰稗:指茭白和稗子,都是可食用的植物。

⑤呷啜:喝,吃。

⑥唼嗍:谓吃食。

西平县出皋庐①,茗之利,茗叶大而涩,南人以为饮。(东晋裴渊《广州记》)

【注释】

①皋庐:古代地名。

制酒工艺登峰造极

酿酒技法

我国酿酒技艺源远流长,独具匠心,深植于华夏文化的深厚土壤中。在十二地支中,"酉"字与"酒"的紧密联系,便是这一古老传统之美的生动注脚。先有醇酒之实,后有载其之字,历史长河中的这一美妙巧合,正是对酿酒艺术深厚底蕴的生动诠释。

谈及酿酒技艺的详尽记载,我们不得不提及古代农学巨著《齐民要术》。在这部典籍中,关于酿酒的叙述尤为精彩。书中首先介绍了酿酒的初步步骤,即以淀粉、蛋白质与清澈之水精心调配的培养基,而后在恒温、恒湿、避光的密室中,静静等待空气中飘来的曲菌孢子。这一过程中,便孕育出了富含曲菌的菌丝体,它们将成为后续酿酒的宝贵接种材料——酒曲。书中还详述了多种不同的治曲方法,如三斛麦曲、神曲等,并细致入微地记录了多种用曲造酒的技巧。从浸曲、蒸米到下酘的每一环节，都严格把控着环境、温度、湿度、洁净度以及水质等因素，这些因素对酒的品质有着至关重要的影响。特别是发酵过程中的温度控制，书中特别强调其重要性，足见作者对酿酒技艺的深刻理解和精湛掌握。

造酒法：全饼曲，晒经五日许。日三过以炊帚刷治之①，绝令使净。若遇好日，可三日晒。然后细锉②，布帊，盛高屋厨上，晒经一日，莫使风土秽污。乃平量曲一斗，臼中捣令碎。若浸曲，一斗，与五升水。浸曲三日，如鱼眼汤沸③，酘米④。其米，绝令精细，淘米可二十遍。酒饭，人狗不令啖。淘米，及炊釜中水，为酒之具有所洗浣者，悉用河水佳也。

若作秫黍米酒：一斗曲，杀米二石一斗。第一酘，米三斗。停一宿，酘米五斗。又停再宿，酘米一石。又停三宿，酘米三斗。其酒饭，欲得弱炊⑤，炊如食饭法。舒使极冷，然后纳之。

若作糯米酒：一斗曲，杀米一石八斗。唯三过酘米毕。其炊饭法：直下馈，不须报蒸。其下馈法：出馈瓮中，取釜下沸汤浇之，仅没饭便止。此元仆射家法。（《齐民要术·卷七造神曲并酒等第六十四》）

【注释】

①炊帚：用于刷锅洗碗的刷子。

②细锉：细细地磨碎。

③鱼眼汤沸：水中冒出鱼眼大小的气泡。
④酘（dòu）：清洗。
⑤弱炊：小火烹饪。

神曲法

采用神曲法酿酒对于原料麦子的处理尤为讲究。麦粒被精心处理，分别经过蒸熟、炒黄和保持原生的三种方式，每种方式的麦粒分量均相等，以确保最终的酒曲品质均衡且独特。接下来，这些处理过的麦粒使用传统方法混合在一起，然而在这一特殊流程中，并不需要特意留出空间，以模拟自然发酵中的气流循环。与此同时，这种方法也摒弃了传统酿酒中的某些仪式性环节，如使用酒、干肉或面条汤来祭祀所谓的"曲王"。这种简化并非对传统的亵渎，而是对酿酒技艺的一种创新与探索。同样，也省去了用童子们的手团曲的步骤，这不仅是出于提高效率的考虑，更是对技艺传承中形式主义的大胆质疑。

又：造神曲法：其麦，蒸、炒、生三种齐等，与前同。但无复阡陌[①]、酒、脯、汤饼，祭曲王，及童子手团之事矣。

预前事一麦三种，合和，细磨之。七月上寅日作曲[②]。溲欲刚③，捣、欲粉细、作熟。饼、用圆铁范，令径五寸，厚一寸五分。于平板上，令壮士熟踏之。以杙刺作孔④。

净扫东向开户屋，布曲饼于地，闭塞窗户，密泥缝隙，勿令通风。满七日，翻之，二七日，聚之。皆还密泥。三七日，出外，日中曝令燥，曲成矣。任意举阁，亦不用瓮盛。瓮盛者，则曲乌肠。"乌肠"者⑤，绕孔黑烂。若欲多作者，任人耳；但须三麦齐等，不以三石为限。

此曲一斗，杀米三石；笨曲一斗，杀米六斗。省费悬绝如此。用七月七日焦麦曲及春酒曲，皆笨曲法。（《齐民要术·卷七造神曲并酒等第六十四》）

【注释】

①阡陌：田野，垄亩。

②上寅：农历每月上旬之寅日。

③溲：众多，繁盛。

④杙（yì）：小木桩。

⑤乌肠：指曲受潮发霉后中心部位孔的周围变成黑褐色。

造神曲黍米酒方：细剉曲，燥曝之①。曲一斗，水九斗，米三石。须多作者，率以此加之。其瓮大小任人耳。桑欲落时作②，可得周年停。初下，用米一石；次酘，五斗；又四斗，又三斗。以渐，待米消既酘，无令势不相及。味足沸定为熟。气味虽正，沸未息者，曲势未尽，宜更酘之，不酘则酒味苦薄矣。得所者，酒味轻香,实胜凡曲。初酿此酒者,率多伤薄③;何者?犹以凡曲之意忖度之④。盖用米既少,曲势未尽故也,所以伤薄耳。不得令鸡狗见。所以专取桑落时作者,黍必令极冷也。(《齐民要术·卷七造神曲并酒等第六十四》)

【注释】

①燥曝:暴晒令其干燥。

②桑欲落时作:桑叶刚要落的时候开始做神曲,可以存放一整年。

③伤薄:形容酒味道寡淡。

④忖度:推测;估计。

又神曲法:以七月上寅日造。不得令鸡狗见及食。看麦多少,分为三分:蒸炒二分正等;其生者一分,一石上加一斗半。各细磨,和之。溲时微令刚,足手熟揉为佳。使童男小儿饼之。广三寸,厚二寸。须西厢东向开户屋中。净扫地,地上布曲①。十字立巷,令通人行;四角各造曲奴一枚。讫,泥户②,勿令泄气。七日,开户,翻曲,还塞户。二七日,聚,又塞之。三七日,出之。作酒时,治曲如常法,细剉为佳。(《齐民要术·卷七造神曲并酒等第六十四》)

【注释】

①布曲:把曲铺在地上。

②泥户:用泥把门缝涂满。

食在魏晋　293

造酒法：用黍米一斛①，神曲二斗，水八斗。初下米五斗，米必令五六十遍淘之！第二酘七斗米，三酘八斗米。满二石米已外②，任意斟裁③。然要须米微多。米少酒则不佳。冷暖之法，悉如常酿，要在精细也。(《齐民要术·卷七造神曲并酒等第六十四》)

【注释】

①斛：中国旧量器名，亦是容量单位，一斛本为十斗，后来改为五斗。

②石：中国市制容量单位，十斗为一石。

③斟裁：斟酌决定。

神曲粳米醪法：春月酿之。燥曲一斗①，用水七斗，粳米两石四斗。浸曲发，如鱼眼汤。净淘米八斗，炊作饭，舒令极冷。以毛袋漉去曲滓②，又以绢滤曲汁于瓮中，即酘饭。候米消，又酘八斗。消尽，又酘八斗。凡三酘，毕。若犹苦者，更以二斗酘之。此合醅饮之③，可也。(《齐民要术·卷七造神曲并酒等第六十四》)

【注释】

①燥曲：干燥的酒曲。

②毛袋：用于过滤酒的东西。

③醅：没滤过的带渣滓的酒。

又作神曲方：以七月中旬已前作曲，为上时，亦不必要须寅日。二十日已后作者，曲渐弱。凡屋皆得作，亦不必要须东向开户草屋也。大率：小麦，生、炒、蒸三种，等分。曝蒸者令干。三种和合，硙，净簸择，细磨。罗取麸，更重磨。唯细为良。粗则不好。锉胡叶①，煮三沸汤；待冷，接取清者，溲曲，以相著为限。大都欲小刚，勿令太泽。捣令可团便止，亦不必满千杵。以手团之，大小厚薄如蒸饼剂②，令下微浥浥③。刺作孔。丈夫妇人皆团之，不必须童男。

其屋：预前数日著猫，塞鼠窟，泥壁令净。扫地，布曲饼于地上，作行伍，勿令相逼。当中十字通阡陌，使容人行。作曲王五人，置之于四方及中央；中央者面南，四方者面皆向内。酒脯祭与不祭，亦相似，今从省。

布曲讫，闭户，密泥之，勿使漏气。一七日，开户翻曲，还著本处；泥闭如初。二七日聚之。若止三石麦曲者，但作一聚；多则分为两聚。泥闭如初。三七日，以麻绳穿之，五十饼为一贯，悬着户内，开户勿令见日。五日后，出著外许，悬之。昼日晒，夜受露霜，不须覆盖。久停亦尔，但不用被雨。此曲得三年停，陈者弥好。(《齐民要术·卷七造神曲并酒等第六十四》)

【注释】

①胡叶：应为胡枲（xǐ）。枲耳、苍耳都是胡枲的异名。

②蒸饼剂：将和好的大面团，切成做馒头的块，也就是面

剂子。

③浥浥：形容香气浓郁。

神曲酒方：净扫刷曲令净。有土处，刀削去，必使极净。反斧背椎破，令大小如枣栗；斧刃则杀小。用故纸糊席，曝之。夜乃勿收，令受霜露。风、阴则收之，恐土污及雨润故也。若急须者，曲干则得；从容者，经二十日许，受霜露，弥令酒香。曲必须干，润湿则酒恶。

春秋二时酿者，皆得过夏；然桑落时作者，乃胜于春。桑落时稍冷，初浸曲，与春同；及下酿，则茹瓮上，取微暖；勿太厚！太厚则伤热。春则不须，置瓮于砖上①。

秋以九月九日或十九日收水；春以正月十五日，或以晦日②，及二月二日收水。当日即浸曲。此四日为上时；余日非不得作，恐不耐久。

收水法：河水第一好。远河者，取极甘井水③；小咸则不佳。（《齐民要术·卷七造神曲并酒等第六十四》）

【注释】

①砖上：这里指把盛酒的容器放到砖上。

②晦（huì）日：农历每月的最后一天为晦日。晦，月尽。

③甘：味甜。黄河流域土壤中钠、镁等可溶性盐类分量很高，所以井水的味道常带咸苦，一般称为"苦水"。流速较大的河水，溶解的盐类分量相对最少。其次是接近泉源或地下水水

源较大的水，可溶性盐含量也较低，这种井水，味道就和河水一样，一般称为"甜水"。

清酒

酿清酒之道，讲究细致入微。在春日的温暖里，浸曲需耗时十日乃至半月，而在秋风的轻拂下，则需十五日乃至二十日。这是因天时冷暖、早晚有别，故浸曲之期随之而异。待曲香四溢，细泡轻浮，便是下酘之时。若沉浸过久，曲衣滋生，则错过良机；曲老之后，酿出的酒便显得沉重而乏香，再难轻盈飘逸。至于米之处理，更是精益求精。米需舂得极细极熟，淘洗再三，约三十遍，务必纯净无杂。若淘洗不净，则酒色浑浊，黯淡无光。一般而言，春酿用一斗曲，需八斗水浸之；秋酿则七斗水足矣。而米之消耗亦有所不同，秋酿能化三石，春酿则能消化四石之多。如此，方可酿出清冽香醇之酒。

清曲法：春十日或十五日，秋十五或二十日。所以尔者，寒暖有早晚故也。但候曲香沫起，便下酿。过久，曲生衣①，则为失候；失候，则酒重钝，不复轻香。

米必细舂②，净淘三十许遍；若淘米不净，则酒色重浊。大率：曲一斗，春用水八斗，秋用水七斗；秋杀米三石，春杀米四石。初下酿，用黍米四斗。再馏，弱炊，必令均熟，勿使坚刚生减也③。于席上摊黍饭令极冷。贮出曲汁，于盆中调和，以手搦破之④，无块，然后内瓮中。

春以两重布覆；秋于布上加毡。若值天寒，亦可加草。一宿再宿，候米消，更酘六斗。第三酘，用米或七八斗；第四、第五、第六酘，用米多少，皆候曲势强弱加减之，亦无定法。或再宿一酘，三宿一酘，无定准；惟须消化乃酘之。每酘，皆挹取瓮中汁调和之；仅得和黍破块而已，不尽贮出。每酘，即以酒杷遍搅令均调，然后盖瓮。

虽言春秋二时，杀米三石四石；然要须善候曲势；曲势未穷，米犹消化者，便加米，唯多为良。世人云："米过酒甜"，此乃不解法：候酒冷沸止，米有不消者，便是曲势尽。酒若熟矣，押出清澄⑤。竟夏直以单布覆瓮口，斩席盖布上，慎勿瓮泥！瓮泥，封交即酢坏。

冬亦得酿，但不及春秋耳。冬酿者，必须厚茹瓮，覆盖。初下酿，则黍小暖下之；一发之后，重酘时，还摊黍使冷。酒发极暖，重酿暖黍，亦酢矣。其大瓮多酿者，依法倍加之。其糠浦杂用，一切无忌。（《齐民要术·卷七造神曲并酒等第六十四》）

【注释】

①生衣：指物体表面生长的霉菌。

②细帅（fèi）：用杵臼捣去谷物皮壳。

③减：弱炊而不到均熟的黍饭，再浸水时，坚刚的会吸收水分而涨大。

④搦（nuò）：按压。

⑤押出：用较重的器物将酒中的固体（糟）按压下去，让液体部分（清酒）停留在上面，可以舀出，称为“押酒”。押着舀出清酒，便是“押出”。

河东神曲方[①]：七月初治麦，七日作曲。七日未得作者，七月二十日前亦得。麦一石者，六斗炒，三斗蒸，一斗生；细磨之。

桑叶五分，苍耳一分[②]，艾一分，茱萸一分，若无茱萸，野蓼亦得用。合煮取汁，令如酒色。漉去滓，待冷，以和曲，勿令太泽。

捣千杵，饼如凡曲，方范作之。（《齐民要术·卷七造神曲并酒等第六十四》）

【注释】

①河东神曲：这是用植物性药料，加入曲中。河东，郡名，后魏时郡治在今山西永济东南。

②苍耳：一年生草本植物。春夏开花，绿色，果实倒卵形，有刺。

卧曲法[①]：先以麦䴷布地，然后著曲。讫，又以麦䴷覆之。多作者，可以用箔槌，如养蚕法。

覆讫,闭户。七日,翻曲,还以麦䴹覆之。二七日,聚曲,亦还覆之。三七日瓮盛。后经七日,然后出曝之。(《齐民要术·卷七造神曲并酒等第六十四》)

【注释】

①卧曲:保持定温,让发酵作用顺利进行。

造酒法:用黍米;曲一斗,杀米一石。秫米令酒薄,不任事。治曲,必使表、里、四畔、孔内,悉皆净削;然后细锉,令如枣栗。曝使极干。一斗曲,用水一斗五升。十月桑落,初冻,则收水酿者,为上时春酒;正月晦日收水,为中时春酒。河南地暖①,二月作;河北地寒②,三月作。大率用清明节前后耳。初冻后,尽年暮,水脉既定③,收取则用④。其春酒及余月,皆须煮水为五沸汤,待冷,浸曲。不然则动⑤。十月初冻,尚暖;未须茹瓮。十一月十二月,须黍穰茹之。(《齐民要术·卷七造神曲并酒等第六十四》)

【注释】

①河南:黄河以南。

②河北:黄河以北。

③水脉:黄河流域地区,地面的水流,在夏天和秋初,因为受降水量的影响,变化很大,很像"脉搏"的情形,因此称为"水脉"。

④收取则用:即收即用,旋收旋用。

⑤动：这里指酒变酸变坏。

浸曲：冬十日，春七日。候曲发气香沫起，便酿。隆冬寒厉，虽日茹瓮，曲汁犹冻；临下酿时，宜漉出冻凌，于釜中融之。取液而已，不得令热！凌液尽①，还泻著瓮中，然后下黍。不尔，则伤冷。

假令瓮受五石米者，初下酿，止用米一石。

淘米，须极净，水清乃止。

炊为馈，下著空瓮中，以釜中炊汤，及热沃之，令馈上水深一寸余便止。以盆合头，良久，水尽，馈极熟软，便于席上摊之使冷。贮汁于盆中，搦黍令破，写著瓮中，复以酒杷搅之。每酘皆然。

唯十一月十二月天寒水冻，黍须人体暖下之；桑落春酒，悉皆冷下。

初冷下者，酘亦冷；初暖下者，酘亦暖。不得回易，冷热相杂。

次酘八斗，次酘七斗，皆须候曲蘖强弱增减耳，亦无定数。

大率：中分米，半前作沃馈，半后作再馏黍。纯作沃馈，酒便钝；再馏黍，酒便轻香。是以须中半耳。（《齐民要术·卷七造神曲并酒等第六十四》）

【注释】

①凌：水面上结成的冰。液：作动词用，即变成液体。

冬酿，六七酘；春作，八九酘。冬欲温暖，春欲清凉。酘米太多，则伤热，不能久。

春以单布覆瓮，冬用荐盖之。冬初下酿时，以炭火掷着瓮中，拔刀横于瓮上。酒熟，乃去之。

冬酿，十五日熟；春酿，十日熟。至五月中，瓮别碗盛，于日中炙之。好者不动，恶者色变。色变者，宜先饮；好者，留过夏。但合醅停，须臾便押出①，还得与桑落时相接。地窖著酒，令酒土气；唯连檐草屋中居之为佳。瓦屋亦热。作曲、浸曲、炊、酿，一切悉用河水；无手力之家，乃用甘井水耳。

《淮南万毕术》曰："酒薄复厚，渍以莞蒲。"断蒲渍酒中，有顷出之，酒则厚矣。

凡冬月酿酒，中冷不发者②，以瓦瓶盛热汤，坚塞口，又于釜汤中煮瓶令极热，引出。著酒瓮中，须臾即发。(《齐民要术·卷七造神曲并酒等第六十四》)

【注释】

①须臾：短时间，片刻。

②中（zhòng）冷：受冷发了病。

源远流长的酒文化

不得不说的"酒鬼"

在历史的长河中,嗜酒之人层出不穷,然而魏晋时期的酒客却独树一帜,他们不仅沉醉于浓郁的酒香之中,更在其中嗅到了自由与个性的芬芳。饮酒的对象各异,地点多变,风格亦千差万别。汝阳王琎,他在酒的天地里挥洒自如,饮出了自己别具一格的风格,因此获得了"酒仙"的美誉。刘伶,那位传说中的酒中豪杰,宁可醉死也不愿醒来,他对酒的执着与热爱,足以令人动容。而那位我们熟知的酒鬼陶渊明,他的饮酒更是成为一种生活艺术,一种与世俗抗争的方式。两晋时期,士族门阀盛行,政治生活一片混乱,大批士人沦为政治的牺牲品。在这样的背景下,酣畅豪饮成为他们麻醉自己、逃避政治迫害的手段。酒,成为他们与虚伪的名教抗争的利剑,也是他们追求得意逍遥的凭借。在酒的世界里,他们找到了片刻的宁静与自由，也展现了他们独特的个性与风采。

陶潜，字元亮，大司马侃之曾孙也。祖茂，武昌太守。潜少怀高尚，博学善属文，颖脱不羁，任真自得，为乡邻之所贵。尝著《五柳先生传》以自况曰："先生不知何许人，不详姓字，宅边有五柳树，因以为号焉。闲静少言，不慕荣利。好读书，不求甚解，每有会意，欣然忘食。性嗜酒，而家贫不能恒得。亲旧知其如此，或置酒招之，造饮必尽，期在必醉。既醉而退，曾不吝情。环堵萧然①，不蔽风日，短褐穿结，箪瓢屡空，晏如也②。常著文章自娱，颇示己志，忘怀得失，以此自终。"其自序如此，时人谓之实录。

以亲老家贫，起为州祭酒，不堪吏职，少日自解归。州召主簿，不就，躬耕自资，遂抱羸疾。复为镇军、建威参军，谓亲朋曰："聊欲弦歌，以为三径之资可乎？"执事者闻之，以为彭泽令。在县，公田悉令种秫谷，曰："令吾常醉于酒足矣。"妻子固请种粳。乃使一顷五十亩种秫，五十亩种粳。素简贵，不私事上官。郡遣督邮至县，吏白应束带见之，潜叹曰："吾不能为五斗米折腰，拳拳事乡里小人邪！"义熙二年，解印去县，乃赋《归去来兮辞》。其辞曰……顷之，征著作郎，不就。既绝州郡觐谒，其乡亲张野及周旋人羊松龄、宠遵等或有酒要之，或要之共至酒坐，虽不识主人，亦欣然无忤，酣醉便反。未尝有所造诣，所之唯至田舍及庐山游观而已。

刺史王弘以元熙中临州，甚钦迟之，后自造焉。潜称疾不见，既而语人云："我性不狎世，因疾守闲，幸非洁志慕声，岂敢以王公纡轸为荣邪！夫谬以不贤，此刘公干所以招谤君子，其罪不细也。"弘每令人候之，密知当往庐山，乃遣其故人庞通之等赍酒，先于半道要之。潜既遇酒，便引酌野亭，欣然忘进。弘乃出与相见，遂欢宴穷日。潜无履，弘顾左右为之造履。左右请履度，潜便于坐申脚令度焉。弘要之还州，问其所乘，答云："素有脚疾，向乘蓝舆，亦足自反。"乃令一门生二儿共舁之至州，而言笑赏适，不觉其有羡于华轩也。弘后欲见，辄于林泽间候之。至于酒米乏绝，亦时相赡。

其亲朋好事，或载酒肴而往，潜亦无所辞焉。每一醉，则大适融然③。又不营生业，家务悉委之儿仆。未尝有喜愠之色，惟遇酒则饮，时或无酒，亦雅咏不辍。尝言夏月虚闲，高卧北窗之下，清风飒至，自谓羲皇上人。性不解音，而畜素琴一张④，弦徽不具⑤，每朋酒之会，则抚而和之，曰："但识琴中趣，何劳弦上声！"以宋元嘉中卒，时年六十三，所有文集并行于世。（《晋书·陶潜传》）

【注释】

①环堵：四壁。多用以形容居室简陋。

②晏如：安然自如的样子。

③适：满足。融然：和悦快乐的样子。

④畜：同"蓄"。

⑤弦徽：琴弦与琴徽。琴徽，琴弦音位的标志。

汝阳王琎，自称"酿王"。种放号"云溪醉侯"。蔡邕饮至一石①，常醉，在路上卧。人名曰"醉龙"。李白嗜酒，醉后文尤奇，号为"醉圣"。白乐天自称"醉尹"，又称"醉吟先生"。皮日休自称"醉士"。王绩称"斗酒学士"又称"五斗先生"。山简称"高阳酒徒"②。(《夜航船》)

【注释】

①一石：古代计量单位。

②山简：喻指高适。

有大人先生，以天地为一朝，万期为须臾，日月为扃牖①，八荒为庭衢②。行无辙迹，居无室庐，幕天席地，纵意所如。止则操卮执觚③，动则挈榼提壶，唯酒是务，焉知其余？有贵介公子，缙绅处士，闻吾风声，议其所以。乃奋袂扬衿，怒目切齿，陈说礼法，是非蜂起。先生于是方捧罂承槽，衔杯漱醪④，奋髯箕踞⑤，枕曲藉糟，无思无虑，其乐陶陶。兀然而醉，豁尔而醒。静听不闻雷霆之声，熟视不睹泰山之形，不觉寒暑之切肌，利欲之感情。俯观万物，扰扰焉，如江汉之载浮萍。二豪侍侧焉，如蜾蠃之与螟蛉。(《酒德颂》)

【注释】

①扃(jiōng)牖：门窗。

②庭衢：院子里四通八达的道路。

③操卮执觚：拿着饮酒器。

④漱醪：喝浊酒。

⑤奋髯箕踞：这是一种轻慢傲视对方的姿态。奋髯，抖动胡须。箕踞，两脚张开，两膝微曲地坐着，形状像箕。

闲来无事喝两口

魏晋时期在现实的桎梏之下，文人的个性虽遭受了沉重的压制，但他们对现世的反叛之心却从未屈服。酒，这一神奇的液体，宛如文人灵魂的解药，它赋予了人们精神的觉醒与情感的超脱，使人的意识境界得以升华。这一时期名士们的生活中处处弥漫着酒的芬芳。在这个文学自觉的时代，酒必然会在文学的长河中留下其独特的印记。受到魏晋名士余风的影响，尤其是"竹林七贤"中的阮籍、嵇康、刘伶、王戎，以及东晋的陶渊明等个性鲜明的文人，酒与文学的交融愈发浓厚。

魏晋六朝，不仅独领风骚，引领了酒文化的风潮，更是将诗与酒并举，树立了理想的风范。他们为后世酒与文学的发展，开辟了一条崭新的道路，使酒与文学的交融更加深远、更加丰富。

箜篌引①

三国·魏　曹植

置酒高殿上，亲交从我游。

中厨办丰膳②，烹羊宰肥牛。

秦筝何慷慨③，齐瑟和且柔。

阳阿奏奇舞④，京洛出名讴⑤。

乐饮过三爵⑥，缓带倾庶羞⑦。

主称千金寿，宾奉万年酬。

久要不可忘，薄终义所尤。

谦谦君子德，磬折欲何求⑧。

惊风飘白日，光景驰西流。

盛时不可再，百年忽我遒。

生存华屋处，零落归山丘。

先民谁不死，知命复何忧？

【注释】

①箜篌引：乐府《相和六引》之一，亦名《公无渡河》。

②中厨：内厨房。

③秦筝：古秦地（今陕西一带）的一种弦乐器。似瑟，传为秦时蒙恬所造，故名。

④阳阿：乐曲名。一说古之名倡"阳阿"善舞，后因以称之舞名。

⑤名讴：著名的歌手。

⑥三爵：三杯酒。爵，雀形酒杯。

⑦缓带：宽束衣带。庶羞：多种美味。品类繁多称为"庶"，菜肴美味称为"羞"。

⑧磬折：弯腰，表示谦恭。

公宴诗

三国·魏　曹植

公子敬爱客，终宴不知疲。

清夜游西园，飞盖相追随①。

明月澄清景，列宿正参差。

秋兰被长坂②，朱华冒绿池。

潜鱼跃清波，好鸟鸣高枝。

神飚接丹毂③，轻辇随风移。

飘飖放志意，千秋长若斯。

【注释】

①飞盖：驱车；驰车。

②长坂：亦作"长阪"，犹高坡。

③神飚：谓迅疾若有神灵的风。丹毂（gǔ）：犹丹轮。指华贵的车。

于谯作诗

三国·魏　曹丕

清夜延贵客①，明烛发高光。

丰膳漫星陈②，旨酒盈玉觞③。

弦歌奏新曲④，游响拂丹梁⑤。

余音赴迅节⑥，慷慨时激扬。

献酬纷交错⑦，雅舞何锵锵⑧。

罗缨从风飞⑨，长剑自低昂。

穆穆众君子，和合同乐康。

【注释】

①清夜：清静的夜晚。

②丰膳：丰盛的饭菜。星陈：谓如星宿之陈列有序。

③旨酒：美酒。玉觞：玉杯。亦泛指酒杯。

④弦歌：用琴瑟等伴奏歌唱。新曲：新酒。

⑤游响：形容响亮的歌声，高入云霄，能使流云受阻而停下来。

⑥迅节：急促的节拍。

⑦献酬：谓饮酒时主客互相敬酒。

⑧雅舞：亦作"雅儛"。古代帝王用于祭祀天地、祖先及朝贺、宴享的舞蹈。分文、武两大类。文舞的舞者左手执钥，右手执翟。武舞的舞者手执朱干、玉戚等兵器。起源于周，以后

历代均有增删修订,以歌颂本朝的文治武功。

⑨罗缨:丝制冠带。

公宴诗

东汉·王粲①

昊天降丰泽,百卉挺葳蕤②。

凉风撤蒸暑,清云却炎晖。

高会君子堂,并坐荫华榱③。

嘉肴充圆方,旨酒盈金罍④。

管弦发徽音,曲度清且悲。

合坐同所乐,但愬杯行迟。

常闻诗人语,不醉且无归。

今日不极欢,含情欲待谁?

见眷良不翅⑤,守分岂能违。

古人有遗言,君子福所绥。

愿我贤主人,与天享巍巍。

克符周公业,奕世不可追。

【注释】

①王粲(177—217):字仲宣,山阳郡高平县(今山东省微山县两城镇)人。东汉末年文学家、官员,"建安七子"之一。

②葳蕤(wēi ruí):草木茂盛,枝叶下垂的样子。

③华榱(cuī):雕画的屋椽。

④旨酒：美酒。金罍（léi）：饰金的大型酒器，泛指酒盏。

⑤不翅：不啻。翅，通"啻"，不仅；不止。

后大将军袁绍总兵冀州，遣使要玄①，大会宾客。玄最后至，乃延升上坐。身长八尺，饮酒一斛②，秀眉明目，容仪温伟③。绍客多豪俊，并有才说，见玄儒者④，未以通人许之⑤，竞设异端⑥，百家互起。玄依方辩对，咸出问表⑦，皆得所未闻，莫不嗟服⑧。时汝南应劭亦归于绍⑨，因自赞曰："故太山太守应中远⑩，北面称弟子何如⑪？"玄笑曰："仲尼之门考以四科⑫，回、赐之徒不称官阀。"劭有惭色。（《后汉书·郑玄传》）

【注释】

①要：通"邀"。玄：郑玄（127—200），字康成，北海高密（今山东高密）人，东汉末年儒家学者、经学大师。

②一斛：唐朝之前，斛为民间对石的俗称，一斛即为一石。斛（hú）是古代容积单位。

③温伟：态度温和，身体魁伟。

④儒者：尊崇儒学、通习儒家经书的人。汉以后泛指一般读书人。

⑤通人：学识渊博，贯通古今的人。

⑥异端：古代儒家称其他学说、学派为异端。

⑦问表：提出疑问并做出解答。

⑧嗟服：叹服。

⑨应劭(约153—196)：字仲远，一作仲瑗，汝南郡南顿县（今河南周口项城）人。东汉末年著名学者，司隶校尉应奉之子。

⑩太山太守：官职名。

⑪北面：古代君主面朝南坐，臣子朝见君主则面朝北，所以对人称臣称为北面。

⑫四科：孔门四种科目。指德行、言语、政事、文学。

孟津诗①

三国·魏　曹丕

良辰启初节②，高会构欢娱③。

通天拂景云，俯临四达衢④。

羽爵浮象樽⑤，珍膳盈豆区⑥。

清歌发妙曲，乐正奏笙竽⑦。

曜灵忽西迈⑧，炎烛继望舒⑨。

翊日浮黄河⑩，长驱旋邺都⑪。

【注释】

①孟津：黄河古渡口，在今河南孟津东北、孟县西南。

②良辰：美好的时光。初节：指元日，即春节。

③高会：盛大宴会。

④四达衢：四通八达的大道，这里指孟津。

⑤羽爵：古代酒器。象樽：一种盛酒的容器。

⑥珍膳：珍贵的食物。豆区：古代量器名，四升为豆，四

豆为区。

⑦笙竽：笙和竽。因形制相类，故常连用。竽亦笙属乐器，有三十六簧。

⑧曜灵：太阳。

⑨炎烛：指太阳。望舒：神话中为月驾车的神，这里借指月亮。

⑩翊日：同"翌日"。

⑪邺都：指邺城。因曾作都城，故名邺都。